U0186172

郑艳 著

四季风尚·夏

泰山出版社·济南·

图书在版编目（CIP）数据

四季风尚.夏/郑艳著.—济南：泰山出版社，2020.1
ISBN 978-7-5519-0606-7

Ⅰ.①四…　Ⅱ.①郑…　Ⅲ.①二十四节气—风俗习
惯—中国—通俗读物　Ⅳ.①P462-49　②K892.18-49

中国版本图书馆CIP数据核字（2020）第012936号

著　　者　郑　艳
策　　划　胡　威
责任编辑　王艳艳
装帧设计　路渊源
插　　图　虫　二

SIJI FENGSHANG · XIA

四季风尚·夏

出　　版　泰山出版社
　　　　　社　　址　济南市泺源大街2号　　邮编　250014
　　　　　电　　话　总编室（0531）82022566
　　　　　　　　　　市场营销部（0531）82025510　82023966
　　　　　网　　址　www.tscbs.com
　　　　　电子信箱　tscbs@sohu.com
发　　行　新华书店
印　　刷　济南继东彩艺印刷有限公司
规　　格　889 mm × 1194 mm　　32开
印　　张　5
字　　数　80千字
版　　次　2020年1月第1版
印　　次　2020年1月第1次印刷
标准书号　ISBN 978-7-5519-0606-7
定　　价　39.00元

序

二十四节气与中国文化精神

清华大学历史系教授 博士生导师

中国二十四节气研究中心学术委员会主任 刘晓峰

摆在读者面前的这套《四季风尚》，是一篇围绕二十四节气精心撰写的锦绣文章。要给这样一本书写序，我自忖没有更具风采的笔墨，无法给这本著作添光加彩。但是，围绕二十四节气，却觉得自己有一点话要说。

2015—2016年，为准备二十四节气申报联合国教科文组织人类非物质文化遗产代表作名录，我先后几次参与了文化部最终申请文本的修订。这个工作加深了我对于二十四节气的理解，特别是围绕古代中国对于太阳的认识。如果说二十四节气是中国古人贡献于人类时间文化最为绚丽的一顶王冠，那么中国古人对于太阳的认识，就是这顶王冠中央镶嵌的那块璀璨宝石。2016年11月，二十四节气被列入《联合国教科文组织人类非物质文化遗产代表作名录》，正式的文本叙述是"二十四节气：中国人通过观察太阳周年运动而形成的时间知识体系及其实践"。画龙点睛，太阳就是理解二十四节气最重要的关键词。

在漫长的人类历史中，升起又落下的太阳是人们生活起居重要的时间标志物。围绕太阳，古代中国人有很多绮美瑰丽的想象，创造出许许多多太阳神话。人们想象太阳每天从东方一棵叫扶桑的大树上升起，乘坐着六条螭龙牵引的神车行于天空，并在傍晚从西方玄圃落下。传说太阳是大神帝俊高辛氏和羲和氏共同生的孩子。当太阳沉落于西方，日母羲和氏会在咸池为落下的太阳沐浴。和人们想象月亮里生活着蟾蜍与玉兔一样，他们想象太阳里生活着三足鸟和九尾神狐。他们想象太阳有十个兄弟。日照太足缺少雨水，他们想象是因为太阳没有依照秩序一个升起一个落下，而是十个太阳同时升起。当种下的庄稼都烤焦了，草木也都没法生长了，伟大的英雄后羿就站了出来射落了九个太阳，世界才恢复了正常的秩序。除了这些凭借想象创造的故事，中国古人在漫长的历史时期，一直还在不断地观察太阳，总结出有关太阳的知识规律。

二十四节气之所以伟大，首先在于它是建立在对太阳进行科学观测的基础之上的，它是中国古代科学精神的代表。

二十四节气不是凭空悬想产生的，而是经过长期对于大自然的一年又一年的变化进行观测，在积累了丰富资料的基础上最后产生的。而对大自然的一年变化进行观测的核心点，正是太阳的变化。从有人类那一天起，太阳就一直陪伴我们生命历程中的每一天，慢慢地中国古人发现了太阳的秘密。

所谓"日月之行，四时皆有常法"，问题是用什么方法来掌握它？太阳温暖而明亮，然而用肉眼很难进行观测。聪明的中国人发现太阳光与影子的关系，发明了利用影子开展观测活动的方法。有一个成语叫"立竿见影"，中国古代人对于太阳长期观察的历史传统最根本的一个方法，是对一周年太阳影子周期性变化的认识。李约瑟在《中国科学技术史》中指出："在所有天文仪器中，最古老的是一种构造简单、直立在地上的杆子……这杆子白天可以用来测太阳的影长，以定冬夏二至（自殷代迄今一直称为'至'），夜晚可用来测恒星的上中天，以观测恒星年的周期。"[1] 中国古人发明以圭表测日的方法很早。在距今4000年前的陶寺遗址中，考古学者发现了带有刻度的圭尺，这一实物的发现，证明我们先民很早就掌握了圭表测日的方法。测量太阳的杆子，古代称为表，今天天安门前的华表，我认为很可能就是圭表之遗。正南正北方向平放的测定表影长度的版叫作圭。太阳照表之时，圭上会有表影，根据表影的方向和长度，就能读出时间。学会观测日影，并掌握一年冬至与夏至的变化，对于中国古代文化发展意义巨大。依照清华大学张杰教授的研究，天圆地方的观念的形成也与以圭表测日有关。张杰认为，依据《周礼》《周髀算经》《淮南子》等文献的记载，古人观察夏至、冬至的晷影与观测时画在地上的圆周的四个交点形成一个矩形，这一现象应该直接影响了古人天圆地方概念的形成。[2] 如果这一推论成立，对于太阳的

① 李约瑟《中国古代科技史》第四卷，科学出版社，2018，第259页。

② 张杰：《中国古代空间文化溯源》，清华大学出版社，2015，第9页。

观察之于中国古代文明的影响，用"至大至巨"来形容也绝不为过。

通过持续地观测一年复一年日影的变化，古人发现了日影最长的夏至日和日影最短的冬至日这两个极点，并准确掌握了一年日影变化的周期性。陶寺遗址的发现意味着孔子所讲的"用夏之时"并不是假托古人，更可能的是历史上夏代人确实非常早就已经掌握了冬至、夏至太阳的变化规律。秦汉时期彻底建构成型的二十四节气，依托的是对太阳长期科学的观测。它是中国古代科学精神的结晶。

其次，二十四节气的伟大之处，在于它体现了中国古人对太阳周年运动而形成的时间转换规律的正确认识和理解。

循环是生活于地球上人类时间生活最重要的特征。昼往夜来，时间的脚步循环往复永不停歇。月升月落，春夏秋冬，先民们对时间的认识，有一个不断发展的过程。最早产生的时间刻度单位应当是"日"。因为"日出而作，日入而息"，太阳是全世界人共同的认识时间的首要标志物。其次是"月"，月亮的周期性圆缺也是非常明显的。但是人类真正认识一年中太阳的变化，却不是一个简单的事情。这不仅经历了长期的观测，而且需要思维的抽象和超越。

依据文献的记载，中国古代很早就设有专门负责观测太阳和大自然时间变化的专职人员，这就是羲和氏。《世本·作篇》说："羲和作占日。"宋衷注："占其型度所至也。"张澍禾按："占日者，占日之晷景长短也。"[①]懂得观测太阳影子长短的变化，是中国古代时间文化发展中一个巨大的进步。检点中国古代文献，羲和氏一族始终与观测太阳关系密切。《尚书·尧典》："乃命羲和，钦若昊天，历象日月星辰，敬授人时。"孔传曰："重、黎之后羲氏、和氏，世掌天地四时之官，故尧命之，使敬顺昊天。"[②]《艺文类聚》五卷引《尸子》曰："造历数者，羲和子也。"[③]《前汉纪·前汉孝宣皇帝纪卷第十八》载："古有羲和之官以承四时之节，以敬授民事。"[④]汇合这些零散存于典籍中的史料可知，羲和一族为重黎后人，是古代掌管时间、负责观测太阳和掌握四季变化的官

---

① 秦嘉谟等辑：《世本八种》，中华书局，2008，宋衷注曰出自陈其荣增订本第3页，张澍禾粹集补注本第9页。

② 孔安国传、孔颖达疏：《尚书正义》，上海古籍出版社，2007，第38页。

③ 《艺文类聚》，上海古籍出版社，1982，第97页。

④ 荀悦、袁宏撰，张烈点校：《两汉纪》上，中华书局，2017，第318页。

员。在文献记载中，羲和有时被想象为太阳的母亲，每天为太阳洗浴；有时被想象为拉载太阳神车的驭手，掌控着太阳行进的里程。羲和一族因能够计算天象成为专业观测人士，因此也会因天象变化而获罪。《尚书·胤征》即记胤侯因"羲和湎淫，废时乱日"而被"帅众征伐之"的故事。羲和氏之所以有这么多和太阳相关的记载，我推想就源于他们是上古职业负责太阳观测与把握四季变化的一族。

阳春布德泽，万物生光辉。太阳是我们所有生命热量的源泉。经过对太阳的长期观测，古人认识到寒暑变化与日影变化不仅是一致的，而且这变化是有规律可循的。利用立竿见影的原理，中国古人慢慢认识到太阳的周年变化。他们逐渐掌握了冬至、夏至和春分、秋分（两分两至）这四个一年之中最重要的时间节点。正因如此，在甲骨文中和时间相关的字，大都带有"日"字。当然那时还没有今天固定下来二十四节气的观念和叫法。在《尚书·尧典》中把春分叫日中，秋分叫宵中，夏至叫日永，冬至叫日短；在《吕氏春秋》中把夏至叫日长至，把冬至叫日短至，慢慢地中国古人在春夏秋冬季节的变化和日影一周年的周期变化之间建立起联系。就这样依靠对太阳的科学观测一点点积累，最后形成完美的二十四节气这一体系化的时间知识。

中国古人对于太阳进行的科学观测，绝不是普通的事情。理查德·科恩在《追逐太阳》中介绍说，历史上无数的历法中只有四种是纯阳历历法：（最终形式的）埃及历法、阿契美尼德历法暨后来的阿维斯陀历法（公元前559—公元前331年间应用于波斯）、由玛雅人创造而为阿兹特克人所采用的历法，以及儒略历（格里高利历）①。而二十四节气建立在对太阳进行科学观测的基础上，还吸纳了月象知识，最终形成了中国人特有的这一套符合大自然一年周期变化规律的时间文化体系。二十四节气，堪称人类时间文化的瑰宝。

再次，二十四节气的伟大之处，还在于它极大的实用性。它参与结构了中国人的时间生活。

《易》云："变通莫大乎四时。寒往则暑来，暑往则寒来。寒暑相推，而岁成焉。"古代中国人认识到大自然的变化是有秩序有规律的，按照大自然变化规律行动则万物成就，悖逆大自然变化规律就会发生灾难。正因如此，人的行为必须"应天

① 理查德·科恩：《追逐太阳》，湖南科技出版社，2016，第267页。

顺时"，必须顺应自然规律的变化，整个人类社会也应该遵守必要的秩序。《春秋正义序》云："王者统三才而宅九有，顺四时而理万物。四时序则玉烛调于上，三才协则宝命昌于下。"《礼记》也指出："天地之道，寒暑不时则疾，风雨不节则饥。教者，民之寒暑也；教不时则伤世。事者民之风雨也；事不节则无功。"就这样，"观象授时"的时间文化体系构成了中国古代文化的根基，从根本上影响了中国人的物质生产与人文关怀。

《周易》云："刚柔交错，天文也；文明以止，人文也。观乎天文，以察时变；观乎人文，以化成天下。""天文"就是包括对太阳的观测在内的有关季节、时令变化之学。有了"天文之学"，人们可以"逆知未来"，能够主动地掌握一年四季气象变化的大趋势，这极大地推动了中国古代农耕生产的发展。而建立在"天文"与"人文"相互关联之上，中国古人发挥自己的想象，构筑了一个由客观的观察和主观的想象结合的知识体系，最终形成的，是代表中国古代文化根本特征的天人之学。作为一种思维的原则，大自然的寒来暑往与我们的生命之间构成了深刻的互动关系。一如《黄帝内经》所云："夫四时阴阳者，万物之根本也……故阴阳四时者，万物之终始也，死生之本也，逆之则灾害生，从之则苛疾不起，是谓得道。"这里的人与大自然之间的关系，已经如董仲舒《春秋繁露》所云是"天人之际，合而为一"。这套时空知识在古代位置高上，在古代文献《礼记》中甚至被称为"令"——人必须遵循的时间法则。它要求人们循顺天应时的准则，必须按照时间变化秩序安排生活。沿着这一思想脉络形成的"天人合一"的思想观念，成为贯穿中华文化数千年发展的根干性命题。细细审观整个中国古代时间文化的形成与发展，我们可以得出这样的结论，包括二十四节气在内的古代时间文化体系结构了中国古代人的时间生活。整个星汉灿烂的古代思想与文化的巨幅画卷，展开的背景正是包括太阳观测在内的中国古人对于大自然时间变化观测、认识而形成的时空观念体系。

二十四节气植根于中国古代科学精神，是对于一年春夏秋冬的时间之流做出的更为细致科学的划分。从二十四节气的形成和发展中，我们可以看到中国古人如何观察世界、认识世界、改造世界。二十四节气是中国古代时间文化体系内涵的科学精神的优秀代表，是华夏古代文明智慧最伟大的结晶，直到今天依旧拥有极大的实用性。

最后，请允许我负责地向您推荐这套《四

季风尚》。读过这套书，我觉得作者为我们打开了一扇大门。读者诸君，请走进去欣赏吧！欣赏我们的祖先留下二十四节气这份最宝贵的精神财富，欣赏它如何细致展开于我们的时间生活中，又如何对中国人的物质生活与精神审美产生巨大的影响。

　　是为序。

2019年8月28日

目 录

暑热难挨，心静才凉。

在我的记忆中，夏季的时间里好像没有什么特别重要的活动，大概是因为这个季节的天气让人心烦气躁，只愿安安静静、清清凉凉地度过就好。

有的人喜欢海，认为夏天与海更配，我却对海洋有着莫名的恐惧，不太能理解这些人的感受。每到夏天，我更愿意缩在某个山沟沟里，享受些许凉意。

夏季，骄阳似火，沉李浮瓜，从孟夏、仲夏行至季夏，经过立夏、小满、芒种、夏至、小暑和大暑六个节气，时间跨度大约从公历5月初到8月初，其间热浪滚滚、阳气高涨，夏季的节气生活也围绕着降暑度夏渐次展开。

欲知春与夏，仲吕启朱明。公历5月5日前后，当太阳运行至黄经45°时，即为立夏。赤日如焰，蚯蚓爬出地面，王瓜的蔓藤开始快速攀爬生长。温暖的南风将人们从春天带到夏天，农人们一春的忙碌，此时有了些许的收获，有些蔬果开始成熟，人们可以食用到新鲜的食品。但是，由于更为炎热的天气即将到来，人们的胃口可能会稍有不佳，因此人们也会在立夏之际称称体重，希望能够防止疰夏，身体健康。

古时，天子会在立夏这一天率领文武群臣到南城郊外迎夏，亦有诸如祭火神、灶神、冰神等多种多样祭祀神灵的活动，这均源于那个时候人们对于自然的敬畏。

小满气全时，如何靡草衰。公历5月21日前后，当太阳运行至黄经60°时，即为小满。苦菜枝繁叶茂，小草在强烈的阳光照射下开始枯萎，北方小麦开始泛黄，南方桑蚕开始结茧，人们迎来了夏收作物的成熟。

养蚕的人家忙着摇动丝车缫丝；种菜的人家忙着把收割下来的油菜籽做成菜籽油；农田里早稻的生长和中稻的栽培等都需要充足的水分，农民们便忙着踏车翻水。

芒种看今日，螳螂应节生。公历6月6日前后，当太阳运行至黄经75°时，即为芒种。螳螂初生，伯劳鸣叫，夏熟作物饱满成熟，可以开镰收割了。江南地区此时进入梅雨季节，旧时民间习惯存储这一时节的落雨，留以烹茶。

芒种之际，百花开始凋落，旧时人们认为这是因为花神即将完成自己的使命，回归天庭。为了感谢花神这一年的馈赠，人们多在芒种日举行祭祀花神仪式，饯送花神归位。

处处闻蝉响，须知五月中。公历6月21日前后，当太阳运行至黄经90°时，即为夏至。夏至过后，阳气消减，阴气上升，太阳直射点逐渐向南移动，正午太阳高度也开始降低，北半球白昼逐渐变短，民间有"吃过夏至面，一天短一线"的说法。

夏至前的农历五月初五，是端午节，又称"龙舟节""诗人节""粽子节"。端午依托夏至节点，传承着飞舟竞渡、避瘟保健的节气习俗，在汉魏六朝时融汇南北民众对五月的时间感受，并接纳了屈原沉江的传说，进一步提高了其在传统节日中的地位。正由于民众对端午节俗的共同重视，才保证了其传承千年的生命活力。

倏忽温风至，因循小暑来。公历7月7日前后，当太阳运行至黄经105°时，即为小暑。温暖之风至此而盛，天气越来越热。此时，新米刚刚成熟、收获，人们会用新米做祭祀五谷神灵与祖先的祭饭。祭祀之后，再品尝自己的劳动成果，感激大自然的馈赠。

伏日吃肉的习俗也是古已有之，这与当时流行的"五行相生相克"的说法有关，也与"以热制热"夏暑养生方有很大关系。

大暑三秋近，林钟九夏移。公历7月23日前后，当太阳运行至黄经120°时，即为大暑。大暑节气正值三伏天的中伏，是一年中最热的时期。

大暑所在的农历六月也称"荷月"，此时荷叶连连、芙蓉出水，是盛夏中最美的风景，所以无论古今，很多地方都有暑日赏荷的习俗。荷塘之中，碧叶盏盏，划上一只小舟，悠悠荡荡其中，既有清凉之意，又能观赏美景，甚是乐哉。

炎炎夏日，我喜欢躲在某个清凉的地方。

这个地方最好是在山里，山中树木高耸，能遮蔽炎炎的烈日；潺潺的溪水从山上流下，在我散步时可以随时用它抹一把脸。山间略为敞亮的地方坐落着一间小屋，最好是石头砌成的，以免太过潮湿。通向小屋的路最好平坦，以便可以随时下山觅食。小屋里不需要太多的陈设，有木床、木椅、木桌即可。我去的时候会带上几本书，一定要是散文，淡淡的那种，不花精力，不费脑子，却如沐春风，直接撩起盖在心上的纱，就像某位作家所说："树在，山在，大地在，岁月在，我在，你还要怎样更好的世界？"听说，这句话是作家在山里有感而发，这样的世界令我无比向往。

烁玉流金，火轮高吐。

夏乃红色，是日，是火，更是气。

立
夏

日子在淌，当你行走在田野间，感觉吹到脸上的风带了些暖意，低头不经意的时候瞥见了蚯蚓的身影，那就是夏天到了。

立夏是夏季的第一个节气，《礼记·月令》中有云："（孟夏之月）某日立夏，盛德在火。"立夏之际，赤日如焰，所以火气最重。《月令七十二候集解》也曰："立夏，四月节。立字解见春。夏，假也。物至此时皆假大也。"春天播种的植物至立夏都开始长大。

熏风带暑来

立夏是酷暑的开始，也预示着农忙的到来。

古时，人们认为"风起动万物"，因此对每个季节的风都有着细致的观察：

东北方条风，立春至；东方明庶风，春分至。东南方清明风，立夏至；南方景风，夏至至；西南方凉风，立秋至；西方阊阖风，秋分至；西北方不周风，立冬至；北方广漠风，冬至至。

——摘自《史记·律书》

《吕氏春秋·有始》高诱有注曰："巽气所生，一曰清明风。"和暖的南风或东南风叫"清明风"，也叫"熏风"。因此，立夏之风为熏风，也就是让人们感受到和暖的风。

熏风所过之时，大江南北都是早稻插秧的季节，民谚有曰："多插立夏秧，谷子收满仓。"此时，天气的阴晴直接关系着农作物的生长："立夏天气凉，麦子收得强"，天气凉快有益于麦子丰收；"立夏不下，犁耙高挂"，说的是如果立夏这天不下雨，就会造成农作物歉收，农活可能随之减少；"立夏落雨，谷米如雨"，立夏这天下雨有助于农作物生长；"立夏前后连阴天，又生蜜虫又生疸"，如果立夏前后连阴天的话，会给农作物带来病虫灾害；"立夏日鸣雷，早稻害虫多"，立夏这天有雷雨的话，早稻会生虫害。农人们的经验指导着他们的生活，这是祖祖辈辈积攒并流传下来的知识。海子曾说，从明天起，关心粮食和蔬菜。我觉得，对于生活在城市中的我们，从节气农谚开始"关心粮食和蔬菜"倒是很好的选择。你了解了一个节气关于预测农事的谚语后，可以尝试着去观察一下这个预测的结果，也算是节气生活的一个方面。

从立夏开始，江南地区雨量明显增多，且持续不断。由于此时正是江南梅子的成熟期，所以这种气候现象被称为"梅雨"。

天色将晚　雨水烂漫　故乡在远方

胭脂尽染　发髻纷乱　故人在何方
暮色四起　画笔刚落　邀你共斟一杯酒
青梅之时　话离愁
倚窗红烛　虫声新透　不知晓　转念隔春秋

　　　　　　　　　　——程璧《梅雨》

　　梅子成熟，雨水飘落，于诗人眼里自是一番美景，但是农人的生活没有那么多的诗情画意，他们更关心的是梅雨给庄稼带来的影响。但是，此时华北、西北等地降水仍然不多，对春小麦、棉花、玉米、高粱、花生等春作物的生长不利，应注意抗旱防灾：

　　冬浇春种喜安苗，无雨全凭积雪消。
　　立夏十渠量水日，一分争道岁丰饶。
　　邑分十渠，引党河之水浇地，自冬至春浇水，谓之安苗。立夏日始分排水，每户一分，即望丰收。

　　　　　　　　——［清］苏履吉《沙州竹枝词》

　　沙州，也就是现在的甘肃敦煌，四周皆被沙漠戈壁包围，甚是缺水，所以这里的农人们使用立夏分水的方式保证每户耕地都能得到必要的水分。

我在西部工作的日子里，曾到缺水十分严重的民勤待过一段时间，那里连基本生活用水都难以保证，当地流传着"天下有民勤人，民勤无天下人"的说法，缺水的民勤留不住人，不管是他乡还是故乡的人，只要离开，便再也不会回来。

不缺水的地方，大概永远不会明白缺水的痛苦。因为工作的原因，我常去些偏远的地方，见过太多因为"匮乏"产生的痛苦。有时也会想，现在很多的父母都愿意给自己的孩子创造各种各样"游学"的机会，想让他们去体验一下不同的环境，丰富他们的经历。这些游学动辄数万、数十万的花销总让我瞠目，我认为倒不如带他们到那些犄角旮旯的地方去体验一下"匮乏"，会让他们对自己的生活有些不一样的认识。学会珍惜，其实和学会努力一样重要。

说回立夏。夏忙开始，农人们最关注的当然还是气候：

刘玄之《行军月令》曰：立夏日得金，五谷不成，夏旱多风；得木，夏寒草生；得火，多妖言，兵戈起；得土，远臣不朝，国无政令；得水，上下相和顺，天下安宁。

——《太平御览·时序部·立夏》

这是一段关于立夏占候的记载，由此可见，立夏日，人们对雨格外祈盼，所以古时人们于立夏之际祭祀雨师。《通典·礼》曰："立夏后申日，祀雨师于国城西南。"雨师，被认为是毕星，也就是西方白虎七宿的第五宿。河南南阳汉画像石中的天文图上常有毕星的星象，这与祈雨的风俗有关。立夏祈雨，便是期待这个夏季的雨水足够滋润农田。我虽不做农活，但十分喜欢看秧苗"沐浴"的样子，瞬间会对"绿油油"这个词有更为深刻的体会。

在养蚕的地方，此时仍是"蚕月"，民间有"立夏养蚕忙，秧青大麦黄"的说法。《四民月令》中有"四月立夏后，蚕大食"的说法，可见立夏过后正是蚕胃口最好、发育最快的阶段。川浙等很多地方的人们此时会闭门锁户，专注于蚕事，名曰"蚕禁"或"蚕关门"。清吴江诗人郭频伽在《樗园消夏录》中曾经说道："三吴蚕月，风景殊佳，红贴黏门，家家禁忌，少妇治其事者，往往独宿。"专注于蚕事的妇人们忙得团团转，估计也甚少有时间串门。我身在北方，对于蚕事一窍不通，总想着某年能去江南的某个蚕农家里待上一段时间。然而，我想要做的事情实在太多，真正实现的却太少，所以总有些遗憾。

立夏前后，江南也刚好迎来麦秋时节，因此吴地还流传着一首民谣：

做天难做四月天，蚕要温和麦要寒。
种菜哥儿要落雨，采桑娘子要晴干。

——吴地民谣

农人们祈雨，希望秧苗可以有足够的雨水滋养，蚕娘们期待晴天，好让蚕宝宝们更好地成长。有时候，老天爷大概也会无奈，因为面对的祈求实在太多，总不大可能满足所有的要求吧，得之太易反而不会珍惜。比如说，现时的我们从自然索取东西越来越容易了，很多时候便忘了感恩这件事情。

樱笋送残春

立夏之时，各种蔬果纷纷成熟，成了人们品尝美食的绝佳时机。与此同时，温度持续上升，人们会慢慢觉得烦躁，食欲也随着气温的上升有所下降。因此，立夏时节的饮食一般都含有"尝新"和"防疰夏"的功能和意义。

立夏尝三新，是指吃新下来的应时鲜品，但是"三新"的内容各地都不一样：

> 樱桃红衬青蚕豆，入市三鲜立夏初。
> 何幸圣朝恩泽渥，银鳞永免贡鲥鱼。
>
> ——［清］金武祥《江阴竹枝词》

这里记载的是清代江苏地区立夏尝三新的内容，主要是指樱桃、蚕豆、鲥鱼。先说樱桃，这是我最喜爱的水果之一，人们常常将它与所谓的"车厘子"混淆。其实说车厘子就是樱桃也不完全算错，但只能说它是广义上的樱桃，要是细细说来，所谓的"车厘子"与中国传统的樱桃还真不是同一种东西。我曾在盛产樱桃的烟台待过一段时间，想来这也是爱上樱桃的缘由。立夏，一定要吃些樱桃，红彤彤、水滋滋的，咬上一口，感觉即将到来的炎热都被这酸甜淹没了。

蚕豆，相传为西汉张骞自西域引入。李时珍说其"豆荚状如老蚕，故名蚕豆"，但在各地也有着不同的叫法：川地称为胡豆，宁波人则习惯叫倭豆。因为江南一带的人们喜欢在立夏时节食豆，因此蚕豆又称作"立夏豆"。浙赣等地还流行吃立夏饭的习俗。立夏饭主要是以糯米加嫩蚕豆或豌豆、鲜笋和咸肉等做成的豌豆糯米饭。乡间也有用赤豆、黄豆、黑豆、青豆、绿豆等五色豆掺上白米煮成"五色饭"，寓意"五谷丰登"。据民间传说，诸葛亮临终之前嘱托孟获每年要看望蜀主一次，这一天正是立夏。后来，晋帝灭掉蜀国，掳走阿斗，而孟获不忘丞相嘱托，每年立夏都会带兵去看望阿斗，声称如果阿斗被亏待，就要起兵反晋。于是，每年立夏的时候，晋帝都会用糯米加豌豆煮饭给阿斗吃，豌豆糯米饭又糯又香，阿斗很喜欢吃，所以每年立夏孟获来看他时，都会带上几斤。这便是立夏吃豌豆的传说，虽说与史实有异，但表达了百姓祈求健康和乐的美好愿望。立夏时节，有空的话，不妨自己做上一碗豌豆糯米饭，体验一下当年让阿斗一天吃胖几斤的饭食到底是什么滋味。

最后说说鲥鱼，这种鱼产于长江下游，被誉为江南水中珍品，与河豚、刀鱼一起被称为"长江三鲜"。鲥鱼每年初夏定时入江，其他时间皆不出现。鲥鱼刚入江的季节，备好渔网和炊具，驾一条船，举网得鱼，立刻下锅，倚舫而食，味美绝伦。古时，鲥鱼为纳贡之物，然因其习性，纳贡并非易事：

为钦奉上谕事。康熙二十二年三月初二日接奉部文：安设塘拨，飞递鲥鲜，恭进上御。值臣代摄驿篆，敢不殚心料理？随于初四日，星驰蒙阴、沂水等处，挑选健马，准备飞递。伏思皇上劳心焦思，廓清中外，正当饮食宴乐，颐养天和，一鲥之味，何关轻重。臣窃以为：鲥非难供，而鲥之性难供。鲥字从时，惟四月则有，他时则无。诸鱼水养可生，此鱼出网即息。他鱼生息可餐，此鱼味变极恶。因藜藿贫民，肉

食艰难，传为异味。若天厨珍馐，滋味万品，何取一鱼。窃计鲥产于江南之扬子江，达于京师，二千五百余里。进贡之员，每三十里一塘，竖立旗竿，日则悬旌，夜则悬灯，通计备马三千余匹，役夫数千人。东省山路崎岖，臣见州县各官，督率人夫，运木治桥，剗石治路，昼夜奔忙，惟恐一时马蹶，致干重谴。且天气炎热，鲥性不能久延，正孔子所谓鱼馁不食之时也。伏念皇上圣德如天，岂肯以口腹之故，罪责臣民？而臣下奉法惟谨，故一闻鲥鱼进贡，凡此二三千里地当孔道之官民，实有昼夜不安者。臣以疏远外吏，何敢冒渎圣聪。惟伏读律令，百官技艺之人应有可言之事，亦许奏闻。况臣一介庸愚，荷蒙圣恩，官至参议，目睹三省官民只为膳馐一物，惊惶劳疲，官废职事，民废耕耘，若不据实敷陈，不忠之罪何以自逭。故敢冒昧越陈，伏乞皇上如天之仁，下诏停止，不但传之史册，流芳千古，而三省之官民、数千之役夫，咸祝圣寿于无疆矣。

——［清］康熙《江都县志·代请停贡鲥鱼疏》

　　清代康熙年间，山东按察司参议张能麟认为纳鲥鱼为贡扰民太甚，便写了如上这样一道奏疏，请求皇帝取消进贡鲥鱼。康熙帝批准了这个奏疏,自此,鲥鱼再也没有成为贡品。

我住的地方离长江远,以前吃鲥鱼还是比较困难的,鱼市上偶有一两条出售,鱼鳞都已经发暗了,但价格依然昂贵。今非昔比,现在不仅可以冷藏运输,还可以坐高铁到当地去尝个鲜。因此,现时社会的"吃货"比起古时要幸福得多,但现在的食品安全问题大概也是古时难以想象的吧。

其实,说起立夏时节的"吃",大约浙江杭州人最有发言权,他们立夏的吃食花样实在繁多。其一便是乌米饭——把糯米放在一种乌树叶捣碎后的汤汁中浸泡一晚上,上锅大火蒸熟成为一种紫黑色的糯米饭。乌米饭还颇有来历。传说战国时期孙膑被庞涓陷害,关在猪舍,老狱卒用乌树叶汁蒸糯米饭,然后捏成一个个乌褐色的团子,偷偷送给孙膑吃。孙膑吃后渐渐恢复了体力,伺机逃出,最终报仇雪恨。因为那天正值立夏,所以杭州一带流传立夏吃乌米饭的习俗。此外,浙江杭州的孩子们还有食"野夏饭"的习俗,孩子们成群结队地向邻里讨要米、肉等食材,并采集蚕豆、竹笋,然后到野地里用石头支起锅灶,自烧自吃,这就是吃"野夏饭"。立夏这天,不妨带着孩子找个山清水秀的地方野炊，不像清明寒食的那种冷食，而是自己用石头垒个简单的灶台，带些米、肉、蚕豆、竹笋等食材，生火煮上锅糯米饭，想必会有不一样的滋味。当然，时刻牢记防火常识，遵守公共区域的各种规章制度，人与自然要和谐相处，否则损失的就不仅仅是一顿立夏饭了。

旧时，浙江杭州还有立夏日烹新茶馈送亲戚邻居的习俗，称"七家茶"，相传起源于南宋，至今仍然流传于西湖茶乡：

立夏之日，人家各烹新茶，配以诸色细果，馈送亲戚比邻，谓之"七家茶"。富室竞侈，果皆雕刻，饰以金箔，而香汤名目，若茉莉、林檎、蔷薇、桂蕊、丁檀、苏杏，盛以哥汝瓷瓯，仅供一啜而已。

——摘自 [明] 田汝成《西湖游览志余·熙朝乐事》

每逢立夏之日，新茶上市，茶乡家家烹煮新茶，并配以各色糕点馈送亲友邻里。如今，城里的邻里关系淡漠，你甚至有可能并不知道你的对门住着什么样的人。小时候，我常常住在奶奶家，几排胡同里的人们彼此都认识，孩子们放学

后在一起玩耍，虽然也少不了家长里短的琐碎事，可总觉得关系更亲近些，也记得那时候甚至现在，父辈口中常常念叨的还是"街坊"这个词，听着都觉得亲切。

在浙地其他地方，立夏的吃食也是花样繁多。浙江台州人采苎麻嫩叶煮烂捣浆，拌以麦面粉做成薄饼，裹荤素馅料吃，多少喝点酒，或吃糯米酒酿，称"醉夏"。浙江江山人在每年立夏日的清晨时分，会将浸泡过的粳米煮到七八分熟后倾入石臼，反复捣捶成细腻柔滑的饭团，再倾入米汤中煮至十分熟，并将早就切好的猪肉丝、豆腐干、小竹笋、鲜豌豆、香蒜心、野生菇、腌榨菜等荤素菜混在一起炒熟倾入粥盘拌匀，名曰"立夏羹"，也叫作"立夏耕"，意在提醒人们莫忘农时。

江苏南京人喜食豌豆糕，并借以消夏。据《金陵岁时记》称："立夏，使小儿骑座门槛，啖豌豆糕，谓之不疰夏。乡俗云，疰夏者，以夏令炎热，人多不思饮食，故先以此厌之。"炎炎夏日，胃口往往不好，立夏一开始，人们便会想些法子调节一下。

上海立夏之日要吃芋头和金花菜合成的煎饼，而上海郊县农民用麦粉和糖制成寸许长的条状食物，称"麦蚕"，人们吃了可以防止"疰夏"：

麦蚕吃罢吃摊粞，一味金花菜割畦。

立夏称人轻重数，秤悬梁上笑喧闺。

麦穗磨粘如蚕，名"麦蚕"，食之不疰夏。以金花菜入米粉，名"草头摊粞"，均立夏日食。立夏日用秤称人轻重，验一年肥瘦，亦主不疰夏。

——[清]秦荣光《上海县竹枝词》

立夏称人时兴于南方，据说起源于三国时的蜀国。刘备死后，诸葛亮把阿斗交赵子龙送往江东，请刘备的继室孙夫人抚养。送到的这一天正是立夏，孙夫人当着赵子龙的面给阿斗称了体重，来年立夏会再称一次，看体重增长多少，再写信向诸葛亮汇报。此后这件事便流传开来，成为立夏称人的习俗。

刘备：孤躬刘备。过江以来，孙权与我建造新府，每日弹唱歌舞，好不美哉人也。来此宫门，两廊摆设枪刀，不知为了何事，不免将侍儿唤出。一问便知。

侍儿：与贵人叩喜。

刘备：侍儿，你家皇姑，两廊排下枪刀，不知为了何事？

侍儿：我家皇姑摆设刀枪剑戟，乃是迎接贵客之理。

刘备：侍儿对皇姑去说：撤了枪刀，方能进宫。

侍儿：回禀皇姑，贵人言道：去了枪刀，方能进宫。

孙尚香：闻听人说，他弟兄大破黄巾，大小战场见过。今日一见，原来胆小之人。侍儿们两廊撤去枪刀。

——摘自京剧《回荆州》

这是京剧舞台上关于刘备娶妻孙尚香的一段表演，着实有趣得很。其实，我很喜欢听戏，而且容易入戏，听到感人的地方很多时候都会流泪，比如《白蛇传》中白蛇现形吓死许仙后的一段唱，再比如《穆桂英挂帅》中穆桂英请战的一段唱。《回荆州》或是同样题材的《龙凤呈祥》这样的戏真是太有趣了，用现在的话说，"爱哭包"刘备在戏曲舞台上傻傻的样子真的是特别好玩。所以，我一直觉得夏天很适合去看些有趣的戏，沏上一壶茶，边听戏边品茶会让人暂时忘却了燥热，说不定也可以多吃上两碗饭。

一般来说，立夏称人分室外、室内两种：室外悬秤于大树上，主要是为老人和孩子称体重，以检验一年的肥瘦；室内则悬秤于屋梁，闺阁女性朋友们互相称量，笑语纷飞：

> 风开绣阁扬罗衣，认是秋千戏却非。
> 为挂量才上官秤，称量燕瘦与环肥。
>
> ——［清］蔡云《吴觎》

室外称体重，颇有些荡秋千的味道，虽然有些费事，但比起在电子秤上秤多了很多趣味。当然，现在的人们，尤其女性朋友，肯定是不满足于只在立夏称重的，她们几乎每天都称，数字稍有变化就会引起恐慌或是带来惊喜，毕竟瘦成麻秆的审美标准大概一时半会不会改变。所以，现在的称重其实也挺有仪式感的，倒不一定与某个节气相关，但绝对是人们日常生活的一杆标尺。说到这里，我倒建议利用苦夏时节减肥的姑娘们，只在立夏这天称称体重，然后按照自己的计划好好进行"减肥大业"，等到夏天过去再称称看，说不定是一个非常惊喜的数字。

立夏最常见的饮食还有"立夏蛋"，俗语说："立夏吃了蛋，热天不疰夏。"人们认为，立夏日吃鸡蛋能经受住"疰夏"的考验，平安度过炎热的夏季。所以，很多地方还有在孩子"胸前挂蛋"的习俗。立夏这一天，妈妈们会挑些鹅蛋、鸭蛋、鸡蛋等，煮熟后用自制的网兜兜着，挂在孩子的脖子上，以祈求孩子在夏季健康成长："立夏胸挂蛋，孩子保平安。"胸前挂上蛋的孩子们还会三三两两围在一起玩斗蛋，即碰鸡蛋，谁的蛋壳先破了，谁就算输。所以，立夏这天，妈妈们可以给自己的孩子准备个煮蛋挂在胸口，并告诉他们斗蛋的方法，让他（她）去跟同学或是邻家小朋友们玩耍。当然，在这一天除了关照自己的孩子外，妈妈们以及还没有当妈妈的女性朋友们也有事情可做——饮驻色酒。据《蒲松龄著作佚存》记载，旧时有立夏饮"驻色酒"的习俗。每到了立夏日，齐鲁地区的姑娘们往往要饮用一种"驻色酒"，据说有美容养颜的功效。《说郛》引《玄池说林》曰："立夏日，俗尚啖李，时人语曰：'立夏得食李，能令颜色美。'故是日妇女作李会，取李汁和酒饮之，谓之驻色酒。"如此可见，所谓"驻色酒"大概也不怎么难做，不过是酒与李汁混合而成，想要青春永驻的姑娘们何妨一试？

很多地区，立夏还流行吃笋的习俗，认为吃了笋可使腿脚更好，大概是因为笋多是节状的缘故。民国时期山东武城地区的人们立夏日食补品谓之"贴夏"，一般吃笋俗谓"接脚骨"。其实，这个地方离我的故乡不远，我却没有立夏食笋的记忆，人常言"百里不同俗"，可见的确如此。同样，浙江湖州山乡的人们要去挖石笋，放在炭火中煨熟后蘸些盐、酱油和胡椒粉吃，谓之"健脚笋"；浙江建德的山里人也上山拔野笋，整条放入盐水里泡着吃，谓之"吃健脚笋"；四川山区家家要吃笋。据说吃了健脚笋，可使脚骨康健。湖北通山人立夏吃泡（即草莓）、虾、竹笋，谓之"吃泡亮眼、吃虾大力气、吃竹笋壮脚骨"。

竹笋是竹的幼芽，夏秋时节收获的叫"夏笋"，但其实春笋、冬笋味道最佳，人们食用夏笋多是如上带有一定寓意，跟它本身的生长期和口味没有特别大的关系。当然，夏天暑热，胃口不佳，消化不良是常见症状，中医认为笋味甘、微寒，无毒，具有清热化痰，益气和胃，治消渴，利水道，利膈爽胃的功效，也是有一定功效的节气吃食。

朱旗迎夏早

立夏是二十四节气中较早确定的节气之一，作为一个季节的开始，自古以来都为人们所重视。

古时，立夏是朝廷十分注重的时节，天子会在立夏这一天率领文武群臣到南城郊外迎夏。据史料记载，远在周代，就已形成了一整套完备的迎夏礼仪：

先立夏三日，大史谒之天子曰："某日立夏，盛德在火。"天子乃齐。立夏之日，天子亲帅三公、九卿、大夫以迎夏于南郊。还反，行赏，封诸侯。庆赐遂行，无不欣说。乃命乐师，习合礼乐。命太尉，赞桀俊，遂贤良，举长大，行爵出禄，必当其位。

——摘自《礼记·月令》

立夏前三天，周天子要先斋戒，于立夏当天亲率三公九卿大夫到南郊去迎夏，并举行隆重仪式，祭祀炎帝、祝融，以表达对火神的尊敬和对丰收的祈求。汉代的迎夏活动承自周代，迎夏大礼中车旗服饰一律赤色。据《后汉书·礼仪志》记载，此时立夏这天还有祭灶的活动。《白虎通义》解释说："夏祭灶者，火之主人，所以自养也，夏亦火王，长养万物。"一直到清初，官方都有立夏祭灶的制度。除了官方祭祀之外，民间也有立夏祭灶的习俗，据清光绪《归安县志》记载，在今浙江湖州归安一带有"立夏日祀灶，以火德王也"之俗。火德真君也是中国民间信仰的神灵之一，有三头六臂，头戴金盔，身披金甲，掌管民间烟火，人们相信家里供奉火神便不会出现火灾。

古时，火神一般被认为是祝融，《汉书》说："古之火正，谓火官也，掌祭火星，行火政。"这应该是战国以后才被创造出来的人格化火神，其他如火德真君、种火老母之类均出于更晚些的传说。火神虽被奉为神，但香火并不旺盛，而且祭祀时不让点灯、不准烧纸，即俗语说的"火神庙里不点灯"。

古人在立夏举行祭祀活动，除祭火神、灶神外，也会祭祀其他神灵。据民国《藁城县志》记载，在河北藁城一带，过去在立夏日要用黑鱼祭冰雹之神，以祈夏季免冰雹之灾。

忽然风雨骤，遍野起云烟。

吧嗒嗒的冰雹就把那山花儿打，咕噜噜的沉雷震山川。

风吹角铃当啷啷地响，唰啦啦啦大雨似涌泉。

山洼积水满，涧下似深潭。

——摘自单弦岔曲《风雨归舟》

冰雹一般出现在夏季，天气炎热，太阳把大地烤得滚烫，很容易就产生了大量的、接近地面的湿热空气。湿热空气在快速上升的过程中温度急速下降，凝结成水滴，并很快冻结成冰珠。云层中的冰珠上下翻滚，不断吸收并凝结周围的水滴后变得越来越重，最后从高空砸了下来，这就是冰雹。冰雹出现的范围较小，时间也比较短，但一般来势汹汹，给人们的生产和生活造成很大的影响，很容易形成灾害。

如今，"冰神祭祀"仍是河北邢台平乡县的民俗活动之一。冰神祭祀又叫祭冰神、祭冷神，祭祀活动在每年的立夏日举行，由村民自发成立的非宗教性村社组织"龙神会"主持开展，以祭祀一百零八位龙王为主，向神灵祈求风调雨顺、五谷丰登，免受冰雹之害。

根据明清、民国时的相关县志记载和村里老会首的陈述，当地的冰神祭祀活动已有两百年左右的历史。立夏当天，村里虔诚的善男信女们抬着供奉有一百零八尊龙王的轿子，进行游街。回来后，在醮棚内举行一场庄重的祭典活动。祭典仪式由四名衣帽齐整、身着礼服的礼宾先生主持，吹手奏乐，炮手鸣炮。祭典活动结束后，全村男女老少一齐出动，去村西祭祀点举行盛大的移驾祭祀大典，一路上鸣锣清道，大轿紧随，鼓乐齐鸣，旗幡伞扇，场面盛大、隆重、热闹，甚是壮观。到达村西后，等到立夏时刻一到，便开始祭祀。首先由四名礼宾先生带领众信徒打开轿门和幔帐请出神牌，对神而祭，鞠躬行三跪九叩之礼，然后行献供品、祭品大礼，诵读祭文，奏乐鸣炮。行祭品之礼时，由会首把一百斤桑木干柴放入挖好的二尺见方、深三尺的土坑中，将干柴点着，待火烧旺后，把准备好的一尾活乌鱼、一头活乌猪、一只活乌鸡及三张油饼、三棵大葱、三盘甜面酱等祭品依次放入坑中。相传，下冰雹是乌龙作怪，而人们献祭的三种动物均为黑色，它们升天后，乌鸡变成头、乌猪变成身、乌鱼变成尾，组成一条乌龙飞走，也就带走了这个地方的冰雹之灾。未雨绸缪，说的大概就是这个意思吧。

立夏时节，有些地方的民众还要避防蛇虫。清乾隆元年《云南通志》载，四月立夏之日，"插皂荚枝、红花于户，以厌祟，围灰墙脚以避蛇"。清代《浪穹县略志》记云南大理一带风俗："立夏，插白杨于门，以灰洒房屋周围，名曰'灰城'，以避虺毒。"福建有些地方有民谚，"四月八，毛虫瞎"，是日于门扇上贴字条，以求避虫害。夏日蚊虫渐多，人们想出各种办法去防避，这便是"厌祟"。

厌祟，也就是厌胜，算是民间一种避邪的习俗。传说"厌胜"始于姜太公。武王伐纣时，天下归服，只有丁侯不肯朝见，于是姜太公画了一张丁侯的像，用箭射之，丁侯遂生病。丁侯知道后便赶紧派使臣去向武王臣服，姜太公拔掉了射在画像上的箭，丁侯的病遂痊愈。在某些时候，这样的做法或是想法被称为"迷信"——一个略带贬义色彩的行为。其实，人们精神世界的丰富程度有时候真的很难想象，我们未必赞同，但是了解下来自会发现其有趣的地方。

夏季来临之时，有些地方的人为了更好地度过炎炎夏日，还会有一些相应的禁忌，比如忌坐门槛。忌坐门槛之说流传很广。据说，立夏这天坐门槛，夏天里会疲倦多病。

门槛在古代的典籍中被称为"门限"，其作用有二：一是可以起到防风的作用；二是可以起到聚财的作用。旧时，门槛的高度极为讲究，它是主人尊严和身份的一种象征，尤其是豪门大宅，互相攀比，不肯低眉于人。门槛的这一意义一直流传到今天，比如说到某某行业的门槛很高，意为难以进入。唐宋以后，门槛的高度随着建筑风格的变化和人们审美观念的转变逐渐降低，过高的门槛毕竟会带来行走的不便。《明兴杂记》载，明太祖朱元璋为方便士人出入，特地降旨把南京国子监号舍里的门槛全部拆掉。在末代皇帝溥仪所著的《我的前半生》一书中，有他为了在皇宫中骑自行车畅通无阻，下令将门槛一一锯去的内容。在民间的讲述中，人们认为门槛是主人的脖子或脊背，还有一种说法，说门槛是释迦牟尼的双肩，也有说门槛是释迦牟尼的额头化成的，因此门槛可以坐，但不能踩踏。当然，门槛在现在的城市里已是不多见，因为能坐的"门槛"几乎绝迹了。

在云南的澄江地区，每年立夏，人们要在西龙潭赶一次庙会，邀请戏班子唱戏，酬谢龙王，祈求风调雨顺、五谷丰登，当地人们称之为"会火"。后来，会火演变为澄江人民的立夏节。很多时候，我对这种新兴节日不屑一顾，总觉得缺了些什么，但事实上，我所喜爱的很多传统节日在它起步的时候也是那个年代的"新兴"节日。

> 青天有月来几时？我今停杯一问之。
> 人攀明月不可得，月行却与人相随。
> 皎如飞镜临丹阙，绿烟灭尽清辉发。
> 但见宵从海上来，宁知晓向云间没。
> 白兔捣药秋复春，嫦娥孤栖与谁邻？
> 今人不见古时月，今月曾经照古人。
> 古人今人若流水，共看明月皆如此。
> 唯愿当歌对酒时，月光长照金樽里。
> ——［唐］李白《把酒问月·故人贾淳令予问之》

流水般的，只是匆匆过客，在历史的长河里，撑一支小篙，漂走的也只是某段支流而已。有生命的，皆不能永恒，永恒的，皆无生气。传统亦是如此，想要它生机勃勃，必然要接受它不可能永恒。

立夏初五日，初候蝼蝈鸣。蝼蝈，指蝼蛄和

蛙这两种动物或是其中的一种，一听到它们的叫声，夏天就来到了。

立夏又五日，二候蚯蚓出。蚯蚓是夜行性动物，白天蛰居洞穴，夜间外出活动，一般在夏秋季晚上八点到次日凌晨四点左右外出活动。当蚯蚓爬到地面，夏天便来了。

立夏后五日，三候王瓜生。王瓜，葫芦科，皮黄肉白，三四月内生苗，引藤蔓，叶如甜瓜叶，七月开花，实在花下，至九月熟，赤黄色。立夏时节，王瓜的蔓藤开始快速攀爬生长。

从蛙鸣开始，略有些恼人的夏天便来了，在这个因炎热而影响食欲的季节，我独爱冰激凌，有什么比夏日里的凉爽更让人期待的呢？

当然，爱美的女士们，立夏这天一定要称一称体重——一件事关"苦夏"时节减肥大业的大事。少吃多动，一定可以让这个夏天的身材管理颇见成效。但如果你是像我一样，对体型这类事情采取听之任之态度的人，倒是可以整理一下心情，肆无忌惮地吃些夏天该吃的东西，也算是对自然产出四季食物的一种致敬——多么高大上的吃货态度。

小满

遍地苦菜枝繁叶茂的时候，小满便到了。

从小满开始，以麦类为主的夏收农作物的籽粒已经结果并渐渐饱满，但是尚未成熟，所以被称为小满。《淮南子》曰："满，冒也。音比太蔟。太蔟，正月律也。蔟之言阴衰阳发，万物蔟地而生。"

小满时节，除了高原，很多地区都进入了物候意义上的夏季，农作物生长旺盛，麦浪泛金，榴花似火，到处呈现出一派欣欣向荣的初夏风光。

采苦首阳下

小满前后是吃苦菜的时节,《周书》中记载,"小满之日苦菜秀",苦菜是中国人最早食用的野菜之一:

采苦采苦,首阳之下。人之为言,苟亦无与。
舍旃舍旃,苟亦无然。人之为言,胡得焉?
——《诗经·唐风·采苓》

苦菜味感甘中略带苦,可炒食或凉拌,被李时珍称为天香草,《本草纲目》记曰:"久服,安心益气,聪察少卧,轻身耐老"。在明代的《救荒本草》中,苦菜的吃法是采苗叶淘洗干净,用水浸去苦味,炸熟,油盐调食。据说,京剧《红鬃烈马》中,当年苦守寒窑十八年的王宝钏便是靠苦

菜活命。

《红鬃烈马》讲的是这样一个故事：唐丞相王允，生有三女，大女王金钏，嫁苏龙，官居户部；二女王银钏，配魏虎，官居兵部；三女王宝钏，因为溺爱，在十字街头高搭彩楼，抛球选婿。宝钏抛球击中花郎（即叫花子）薛平贵，但是王允嫌贫爱富，悔却前言。王宝钏与父三击掌后便随薛平贵投奔寒窑。后来，薛平贵降服红鬃烈马有功，唐王大喜，封其为后军督府。王允参奏，遂改为平西先行。西凉作乱，平贵为先行，苏龙、魏虎分别为正副元帅，出征西凉。魏虎与王允合谋，屡寻借口要斩薛平贵，经苏龙阻拦，遂加鞭笞即令回阵。薛平贵竭力苦战，获得大胜。魏虎又以庆功为名，灌醉薛平贵，用马驮至敌营。西凉王爱才，反以代战公主许之。后来，西凉王死，平贵继位为王。这期间，王宝钏一直苦守寒窑，靠着挖野菜生活了十八年。一日，平贵在西凉忽见一宾鸿衔书至，射雁而得王宝钏血书，遂急欲回国探望。又恐代战公主不允，便用酒灌醉代战，盗令而出，一路偷过三关而回国。路过武家坡，偶遇外出挖菜的王宝钏。此时，王宝钏已不识薛平贵。薛平贵假问路以试其心，王宝钏逃回寒窑，薛平贵赶至，夫妻相认。值唐王晏驾，王允篡位，兴兵捉薛平贵。由代战公主保驾，薛平贵乃登宝殿，王宝钏亦被封为正宫娘娘。此出戏以《大登殿》收尾，看似一副大团圆的美满景象，其实并非如此，有很多情节让人忍不住吐槽，纵使已经知道这只是历史故事而已。所以，戏就是戏，有时候听听腔、看看身段，了解一下旧时的故事与人们的观念，如此便好。

说回苦菜，苦菜分布很广，除宁夏、青海、新疆、西藏、广东和海南岛外，全国各地均有分布，也有着各种各样的名称：山东人叫"蛇虫苗"，宁夏人叫"苦苦菜"，陕西人叫"苦麻菜"。

每年的小满时节，如果我在故乡，母亲一定要带我四处去寻觅苦菜，回来凉拌一下吃掉。其实，对于小满这个节气，她和我都没有什么仪式感，只是觉得在还没有热得满头大汗的日子去野外逛逛，实在是一件该做的事情。

小满前后，人们吃的另外一种节令食品俗称"捻捻转儿"——田里的麦子籽粒日趋饱满，人们便把还略带柔软的大麦麦穗割回家，搓掉麦壳，用筛子等把麦粒分离出来，然后炒熟，将其放入石磨中磨制出缕缕面条，再加入黄瓜、蒜苗、麻酱汁、蒜末等，就做成了清香可口的"捻捻转儿"。因为"捻捻转儿"又与"年年赚"谐音，寓意非常吉祥，所以很受人们的喜爱。

　　小满时节，许多地方有吃油茶面的习俗。此时，新麦刚熟，人们会把已经成熟的小麦磨成新面，然后放入锅内，微火炒至麦黄色，再将黑芝麻、白芝麻等炒出香味，核桃炒熟捻成细末倒入炒面中拌匀，然后放入适量的白糖和糖桂花汁或是根据自己的喜好加入盐或其他调味品食用。

　　在我的记忆中，油茶面是奶奶特别喜爱的食物，多是因为牙齿不好的缘故。而且，奶奶和我一样挑食，并不是所有的油茶面都合乎她的胃口，因此她还在的时候，家里人外出一般都会到处寻觅一下当地售卖的油茶面，买回来看看适不适合奶奶的口味。所以，这样的寻觅便不只是小满时节的特殊行为，每当想念奶奶时，我会自己冲上一杯，闻一闻那熟悉的香味也好，仿佛奶奶从未离开。

小满动三车

　　小满，依然是农耕繁忙的时间。民谚有曰"小满动三车"，这里的"三车"指的是丝车、油车、水车。治车缫丝，昼夜操作；车坊磨油，待以贩卖；用水车引溪河之水，灌溉稻田。

　　小满时节，蚕开始结茧了，养蚕的人家忙着摇动丝车缥丝；种油菜的人家忙着把收割下来的油菜籽做成菜籽油；农田里早稻的生长和中稻的栽培等都需要充足的水分，农民们便忙着踏水车翻水：

　　桑柘阴阴屋角东，竹篱斜出鸭桃红。
　　居人共道三车动，却喜初来舶𦠲风。

　　　　　　　　　　——［清］黄璋《水阁竹枝词》

水阁，在今天浙江丽水附近，小满时节正是此地各种农事最为繁忙之时。旧时，浙江一带，民间有小满"抢水"的习俗，一般是由年长的执事者召集各户，确定日期，黎明时分燃起火把，在水车基上吃麦糕、麦饼、麦团，执事者以鼓锣为号，民众以击器相和，踏上小河里事先装好的水车，数十辆一齐发动，把河水引灌入田，至河水干方止。还记得立夏时节的沙州吧，缺水的地方要"分水"，水多的地方也要"抢水"，可见水资源对于农耕生活的重要性。

孔子曾说，如果把君主比作舟船，那么百姓就好比是水，水可以载起舟航行，也可以掀起巨浪把舟打翻。听闻唐代谏臣魏征多次引用这个比喻来告诫太宗李世民，不知其中是不是与农耕有关。其实，借着小满这样的节气，去了解一下与水相关的知识倒是个不错的选择，比如参观各地的水文化博物馆等。

小满时节，陕西关中地区有"看麦梢黄"的习俗，即每年麦子快要成熟的时候，出嫁的女儿要到娘家去探望，问候夏收的准备情况。此时，女婿、女儿携带礼品如油旋馍、黄杏、黄瓜等，去慰问娘家人。农谚"麦梢黄，女看娘，卸了杠柳，娘看冤家"，说的就是夏忙之前女儿去探问娘家的麦收情况，忙完之后母亲再去探望女儿家的情况。"嫁出去的女儿，泼出去的水"，这是人们经常会说的一句话，自然来自旧时男尊女卑的思想禁锢。看似无情，其实真实情况也未必如此。

我自有主意　自重自尊

我才华盖世　天资英纵

我是鸿鹄振翅云霄冲　不是金丝燕雀困樊笼

我何须家门丈夫奉　有万石官禄自养供

我何须深宫争皇宠　换一个芳心束缚不从容

不平不忿不忿不平　不平不忿胸中涌

不忿男尊女卑守三从

不甘不愿不愿不甘　不甘不愿心中恼

不愿男高女低屈顺恭

文治武功国不用　自养自奉怎不容

万千女儿万千梦　竟难容我梦不同

生而为女梦是空

——摘自［越剧］《再生·缘》

想说的是，在男人撑起大半边天之前，女人也曾主持过社会事务，即使对于"母权"和"母系"，很多人还持有不同的观点，但是没有人会否认在很久之前，女性是极为重要的社会力量。

如今，女权又被提及和关注，所以，我总觉得，社会还在发展，永远不可能有最后的样子，我们只是在社会发展中的一段路上，如此而已。

小满开秧门是江西浮梁等一些水稻生产地区的重要农事民俗活动。小满这一天，很多农户凌晨便到了田头，拿着纸和香绕田一周，然后在田地四角礼拜，祈求风调雨顺、五谷丰登。有些地方开秧门如同办喜事一样，农家会买鱼称肉做豆腐，以丰盛的饭菜招待来帮助插秧的人。开秧门，象征着一年农事的正式开始，所以有很多禁忌：插第一行秧时忌开口，认为开了口以后要伤筋；讲究在合拢处要留缺口，也就是留秧门；下田拔秧时，左脚先下，先拔两三根秧苗，用其根须擦手指，否则会发"秧风"；忌随便传递秧把，认为这样做会使两人之间产生矛盾，必须把秧丢在水田中再拣起；忌抛秧时把秧抛在别人身上，若被甩中，俗称"中秧"，即为遭殃。

很多时候，人们并不如想象的那般"无知无畏"，在面对一些未知领域时，他们更愿意小心翼翼些。尽人事，听天命。在农耕社会里，人和天是互相照应的，人们更愿意敬重未知。

分官祷灵庙

小满前后，北方小麦开始黄熟，南方桑蚕开始结茧，为了表达对丰收的祈盼，南北地区此时都有相关的祭祀活动，也是尽人事、听天命的一种表达。

小满会盛行于北方小麦种植地区，其中河南济源地区的小满会较为盛大。济源小满会是在济渎庙祭祀水神活动的基础上发展而来的，在小满前后三五天内举行，古时有官府隆重的祭典仪式，也有百姓自发的供奉叩拜，并且包括百戏、杂耍等娱乐项目以及货物交易等活动，体现着国家祭祀和民间信仰的结合。

济渎庙，坐落于济源市西北济水发源地，是古"四渎"（古代对四条独流入海的大河的称呼，即"江、河、淮、济"）中唯一一处保存最完整、规模最宏大的历史文化遗产。隋代，朝廷为祭祀济渎神建立济渎庙，自此历代皇帝遣使莅临，举行盛大祭典活动。唐宋时期，但凡国之大事，如天灾人祸等都要向济渎神祭告。民间的祭祀活动更是频繁，并一直延续下来：

济水出王屋，其源来不穷。沋泉数眼沸，平地流清通。

皇帝崇祀典，诏书视三公。分官祷灵庙，奠璧沉河宫。

神应每如答，松篁气葱茏。苍螭送飞雨，赤鲤喷回风。

洒酒布瑶席，吹箫下玉童。玄冥掌阴事，祝史告年丰。

百谷趋潭底，三光悬镜中。浅深露沙石，蘋藻生虚空。

晚景临泛美，亭皋轻霭红。晴山傍舟楫，白鹭惊丝桐。

我本家颍北，开门见维嵩。焉知松峰外，又有天坛东。

左手正接䍦，浩歌晒青穹。夷犹傲清吏，偃仰狎渔翁。

对此川上闲，非君谁与同。霜凝远村渚，月

净蒹葭丛。

兹境信难遇，为欢殊未终。淹留怅言别，烟屿夕微濛。

——［唐］李颀《与诸公游济渎泛舟》

如今，济源当地人仍然怕麦收的时候刮风、下雨，没有办法割麦，所以要到济渎庙祭祀烧香祈求麦收顺利。一般来说，济源地区的农人会在小满会十天后开始收麦子。济渎庙内祭祀的大神为济渎神，被当地人称为济渎老爷或是老渎爷。神像为睡姿，又称"睡济渎"。据说一旦济渎神不睡了，就要发生祸事。济渎神还有三位娘娘：正中是神后，执金印，协同掌管人间正事；东边是和济娘娘，执金圭，掌管百姓财产；西边为永济娘娘，执玉拂，负责众生衣食起居。小满会期间，济渎庙内有法事活动，济渎庙外则以戏曲表演和商贸活动为主。

与北方小麦种植地区不同，以丝织业为盛的江南地区则是以与蚕相关的神祇的信仰和祭祀居多。小满前后，正是春蚕吐丝结茧的时期，相关祭祀大多都集中于此时，其中尤以盛泽蚕神祭祀和小满戏最为出名：

据说丝行的祖先，蚕花娘子是其中之一，他们要纪念这蚕花娘子，并且希望蚕花娘子保佑四乡农民所养的蚕有丰满的收成，所以有这种迷信举动，但是他们一半是为自己的利益着想，一半是想盛泽整个绸市的发展，因为蚕的收成一好，丝业和绸业在经营上比较顺利一点。

——摘自于秋《盛泽的小满戏》

茅盾主编的《中国的一日》收录的于秋的《盛泽的小满戏》中就讲述了祭祀蚕神的事宜。茅盾还写过短篇小说《春蚕》，讲的是二十世纪三十年代江南蚕农老通宝一家春蚕丰收反而带来了一场灾难的故事。他懂蚕事，所以写出的故事非常真实。我时常觉得，会讲故事的人充满魔力，这也是我最初选择从事民俗学研究的一个重要原因——可以接触到很多有故事和会讲故事的人。我爱听故事，以一副旁观者的姿态乐在其中；我也爱讲故事，讲那些以旁观者的姿态看到、听到并且不会特别直接地公开他人生活的故事。因此，有时候，其实只是听听关于某个节气的故事，不必非得做些什么，也是一件非常有仪式感的事情了。

盛泽先蚕祠始建于清道光年间，由当地蚕业

公会出资兴办，祠内供奉轩辕、神农、嫘祖。小
满这天，据说是蚕花娘娘嫘祖的生日，因此盛泽
坊间会举办隆重的庆典，小满戏也就应运而生：

先蚕庙里剧登场，男释耕耘女罢桑。

只为今朝逢小满，万人空巷斗新妆。

——沈云《盛湖竹枝词》

按照传统，小满戏一般要唱满三天，第
一天为昆剧，正日及后一日为京剧，均邀请江
南名班名伶登台，剧目一般都是祥瑞戏，带有
"私""死"这些与"丝"谐音的剧目严禁上演。

我虽未参加过济源的小满会，也没看过盛泽
的小满戏，但却偶然间在乡间看过几次搭台的戏
班演戏，给人原汁原味的感觉。戏班的条件很是
艰苦，常常一个演员要赶好几个角色，能耐在多
而不在精，这便是梨园里常常说的"赶堂会"。很
多堂会的剧目是有固定主题的，如果演了些不合
时宜的戏，本家会十分恼火。听闻，曾经有一个
民间戏班接了一个寿诞的堂会，结果中间上演了
一出《清风亭》：以卖豆腐为生的老人张元秀夫
妻拾得一子，取名张继保，抚育成人后被生母带
走。张元秀夫妻思儿成疾，每日到清风亭盼子归

来。后来，张继保得中状元，路过清风亭小憩。张元秀夫妻前往相认，但张继保忘恩负义，不肯相认，把老夫妻当成乞丐，扔给他们二百钱，老夫妻悲愤至极，相继碰死在亭前。故事的最后，不孝子张继保也被雷劈身亡。本家十分生气，追着戏班的演员们破口大骂。

记得某年风行的一句电影台词：做人，还是要厚道些。虽然未见得"好人就有好报"，但更多时候，还是觉得问心无愧这件事情实在重要，恩怨报应之类的事情倒是其次。

小满初五日，初候苦菜秀。苦菜生于寒秋，更冬历春，得夏乃成，因此也名游冬。小满之际，苦菜枝繁叶茂，花黄似菊。

小满又五日，二候靡草死。阳光炙热，难显温柔。细软的草，在强烈的阳光照射下开始枯萎。

小满后五日，三候麦秋至。初夏是麦子成熟的季节，而秋天是谷物成熟的季节，因此旧时人们也称初夏为麦秋。

满则溢，小满刚好，但是节气不会停留在某一个时间点，因此，比起怨念或是怀念，多些感受与经历最好不过。比如，小满时节，我们何妨采些苦菜做凉食，既算是夏日的菜品，多少也能体验一下王宝钏的寒窑经历，不需要借助时光机器穿越到过去，简单易行。

当然，如果对戏曲有些兴趣的人，可以选各个曲种的《红鬃烈马》（或是《武家坡》）来看上一看，听听宝钏坡前大骂"渣男"的唱段，实在是过瘾。

芒种

伯劳鸟开始在枝头出现，并且感阴而鸣的时候，便到了芒种的时节。

"芒"指麦类等有芒植物的收获，"种"指谷黍类作物播种。《月令七十二候集解》有曰："五月节，谓有芒之种谷可稼种矣。"意思就是有芒的麦子快收，有芒的稻子快种。

芒种时节，小麦、大麦等夏熟农作物饱满成熟，可以开镰收割，其他的秋熟农作物可以进行播种了。

四野皆插秧

芒种时节几乎是农业生产最为繁忙的季节。芒种一到，秋熟作物要播种，夏熟作物要收获，可谓"芒种芒种，连收带种"。

皖南地区，每到芒种时节种完水稻，为祈求秋天有个好收成，家家户户都要举行安苗祭祀活动：用新麦面蒸发包，把面捏成五谷六畜、瓜果蔬菜等形状，然后用蔬菜汁染上颜色，作为供品，祭祀神灵汪公。

民间传说，唐初农民起义首领汪华为保一方平安，将其占据的歙、杭、宣等六州上表归唐，受到唐高祖表彰，被封为越国公，奉命进京受封为忠武将军。汪华从民到官，为人刚正、清廉，深得百姓爱戴，六州各地均立庙祭祀，尊其为汪公菩萨、汪公大帝或花朝老爷。皖南芒种安苗祭祀活动，即通过拜祭汪公，祈求五谷丰登。

浙江云和县梅源山区在芒种当天举办"开犁节"，是启动夏种的地方传统民俗，主要包括鸣腊苇、吼开山号子、芒种犒牛、祭神田分红肉、鸣礼炮、开犁、山歌对唱等活动，拥有浓重的地方色彩。如果有闲，不妨在芒种的时节，去感受一下这样的地方文化，相信会给你留下难忘的回忆。

在西北地区，芒种时节会出现一群特殊的务工人员，时称"麦客子"。麦客是旧时对夏收季节外出帮人割麦者的称呼，他们主要从关中西北部、甘肃、宁夏一带前往河南、陕西赶场帮忙。由于气候关系，小麦由东向西成熟，即陕西农谚所谓"夏东黄，秋西黄"。"麦客子"在自家麦子尚未成熟时，成群结队到河南，之后由陕西东部渐次向西为当地农民收割麦子，待到外地麦子割得将尽，家乡麦子也该收获，他们再回家去割自家麦子。

客十九籍甘肃，麦将熟，结队而至，肩一袱、手一镰、俑为人刈麦。自同州而西安，而凤翔、汉中，遂取道阶、成而归。……秦人呼为"麦客"。

——摘自钱仲联《清诗纪事·麦客行·自序》

据说，这是中国西部最早、最原始的劳务输出，延续了将近五百年。农人们的智慧不只是在田间。在西北工作的时候，我第一次到农家调查，听他们说到务农之外会到更加西部的地方"拔虫草"，那时候我实在不知道所谓的"虫草"就是人们心心念念的"冬虫夏草"，后来听得多了，发现他们的这"第二职业"倒也是补贴家用极好的方法，一方水土养一方人。

芒种时节，贵州东南部一带的侗族有一种特别的节俗。西南地区，每年芒种前后是分栽秧苗的时候，侗族的青年男女们会在这个时候举办打泥巴仗的活动。说起侗族，他们的传统习俗是姑娘婚后一般先不住夫家，只有农忙和节庆时才来夫家小住几天。因此，当夫家定下分栽秧苗的日子后，就会邀请一些青年前来帮忙，并由新郎的姐妹去迎接新娘及其女伴回来共同插秧。新娘在回来时，带有一担五色糯米饭和一百个煮熟的红色鸡蛋。栽秧当天，男女青年汇集一起，既进行分插秧苗的劳动，同时也进行社交和娱乐。秧苗插完后，小伙子们会借故往姑娘们身上甩泥巴，姑娘们也予以还击，互相投掷。身上泥巴最多的，往往是最受青睐的人。黔地我曾去过几次，目前为止还没有赶上过芒种，总想着某年去看看，算是又一个心愿。

人人进香还

每个民族和每个地区都有自己的风俗习惯，这是我喜欢上民俗学的一个原因。

在民间的讲述中，很多相似的故事会出现在不同的地方，有着相似的套路，却有着不同的细节。比如，众所周知的"灰姑娘"——在德国，她叫辛德瑞拉，丢下的是一只水晶鞋；而在中国，她叫叶限，丢下的是一只金履。其实，每个民俗学专业的人在"田野"里的故事也像这些民间的讲述一样，有着相似的遭遇，却也有着各自的欢喜与苦楚。在很多不了解民俗学的人看来，"田野"总披着一层美丽的纱，仿佛所有的"诗与远方"都在其中。事实上，"田野"更像是一个梦，入睡之前，我们永远都猜不到自己会梦见什么。

芒种前的北京，有个十分热闹的庙会，通常被我们从事民俗研究的人称为"朝圣"，那便是妙峰山庙会。

妙峰山位于京西门头沟区，属太行山余脉，山上林木葱茏，风景甚美。在妙峰山的主峰近旁，有一组山石远望犹如莲花，它的当中矗立着一块突起的巨大山岩，传说阳光照耀其间，就会反射出一种金黄的颜色，俗称莲花金顶。妙峰山娘娘庙约建于明末，主要供奉天仙圣母碧霞元君——她也是泰山的主神。

岁四月十八日，元君诞辰，都士女进香。先期，香首鸣金号众，众率之，如师，如长令，如诸父兄。月一日至十八日，尘风汗气，四十里一道相属也。舆者，骑者，步者，步以拜者，张旗幢、鸣鼓金者。舆者，贵家、豪右家。骑者，游侠儿、小家妇女。步者，窭人子，酬愿祈愿也。拜者，顶元君像，负楮锭，步一拜，三日至。其衣短后，丝裈，光乍袜履，五步、十步至二十步拜者，一日至。群从游闲，数唱吹弹以乐之。旗幢鼓金者，绣旗丹旐各百十，青黄皂绣盖各百十，骑鼓吹，步伐鼓鸣金者，称是。

——摘自［明］刘侗、于奕正《帝京景物略》

农历四月十八为碧霞元君诞辰，这是妙峰山庙会的时间基础。俗话说："妙峰山的娘娘，照远不照近。"虽在京西，但是来妙峰山庙会进香的香客多远道而来。

除了香客，妙峰山对于从事民俗学研究的人也有着"圣地"的意义。1925年4月28日，时任北平社会调查所干事、后来成为著名社会学家的李景汉开始了他的妙峰山调查之旅。两天之后，北京大学研究所国学门的顾颉刚、孙伏园、容庚、容肇祖和庄严五人，也开始进行庙会调查，同样是选择了京西妙峰山作为调查之地，这次为期三天的"妙峰山进香庙会调查"被公认为开启了现代科学意义上的民俗学田野作业。自此开始，民俗学从业者保持着对于妙峰山庙会的热情，不断地前去进行田野调查，妙峰山也就成为民俗学意义上的一座名山，也是民俗学者的精神家园。

凡是到北京求学的民俗学学生，第一学期的必修课即是前往妙峰山"朝圣"，仿佛没有去过妙峰山便不是真正的民俗学专业的学生一样。如今虽然已经离京，倒是很想在某一年的四月初一至十五之间挑个日子再去趟妙峰山，沿着古时的香道步行而上，吹吹初夏的山风，顺便买点玫瑰酱。如果人在北京，不妨也像我这样走上一走，你会发现不一样的风景。

细雨熟黄梅

芒种来临，天气也愈发炎热，古代认为"阳极阴生"，此时阴气开始滋生。在这样的观念影响下，此时的饮食应以清补为主。

芒种时节，人们最常食用的水果是梅子和桑葚，恰好这两样都是我爱吃的东西。

梅子，起初是作为调味品出现在古时生活中的。《尚书·说命》有曰："若作和羹，尔惟盐梅。"商高宗武丁将贤相比喻成盐和梅，是制作羹汤时不可或缺的调味品。

旧历，每年农历五六月是梅子成熟的季节，人们此时尤爱啖梅：

山居蔬果少，口腹每劳人。梅子欣初食，樱桃并及新。

供盐贫亦办，荐酪远无因。便可呼杯勺，数
朝阴雨频。

——［宋］赵蕃《邻居送梅子朱樱》

　　梅子黄熟时，江南地区便进入了梅雨季节。
《埤雅》曰："江、湘、两浙四五月间梅欲黄落，
则水润土溽，蒸郁成雨，谓之梅雨。"《四时纂
要》中又说道："闽人以立夏后逢庚入梅，芒种后
逢壬出梅。"此时，空气湿度大、气温高，农人们
存放的物品极易长毛发霉，因此不少地方也把梅
雨称为"霉雨"。与梅雨相关的民间谚语体现着劳
动人民在生产实践中的经验积累：或以冬春季节
的风向预测芒种节气的降水，如"三九欠东风，
黄梅无大雨""行得春风，必有夏雨"；或用冬春
季节里的雨水预测梅雨的多寡，如"雪腊月，水
黄梅""寒水枯，夏水枯""发尽桃花水，必是旱
黄梅"，等等。

　　云宇连朝润气含，黄梅十日雨毵毵。
　　绿林烟腻枝梢重，积潦空庭三尺三。
　　仲夏霪雨经旬，为黄梅天；如不雨，为旱黄梅。
防岁歉，大率以多雨为妙，谓"大小黄梅三尺三"。
——［清］张春华《沪城岁事衢歌》

对于爱茶之人来说，梅水是适合泡茶的好水，旧时民间习惯存储黄梅季节的雨水，留之烹茶。明代《食物本草》记载："梅雨时，置大缸收水，煎茶甚美，经夜不变色易味，贮瓶中，可经久。"如今，空气质量问题严重，不知道是不是还有人有此行为。

突然想起一件有趣的事，某一年夏季，我与友人外出散步中下起了毛毛细雨，本没觉得有何关系，友人突然说道："这雨里有害物质很多，为了防止秃头，我们还是撑把伞吧。"嬉笑之余，也不免黯然。

再说桑葚。桑树是一种古老的树种，很早的时候人们便开始使用桑叶养蚕，后来作为其果实的桑葚也理所当然地成了果腹之物，诗经中有曰："桑之未落，其叶沃若。于嗟鸠兮，无食桑葚。"桑葚，也叫桑枣、桑果，嫩时色青、味酸，每年农历四至六月果实成熟，成熟以后油润多汁，酸甜适口，晒干后也可用来泡酒，可治水肿：

水不下则满溢，水下则虚竭还胀，十无一活，宜用桑葚酒治之。桑心皮切，以水二斗，煮

汁一斗，入桑葚再煮，取五升，以糯饭五升，酿酒饮。

——摘自〔明〕李时珍《本草纲目》

据《五代史》记载，于阗王李圣天就将紫酒（也就是桑葚酒）作为宴请贵宾的"国酒"。入夏芒种前后，正是桑葚成熟时，适量食用不仅能增加营养，有益健康，而且有解渴、增补胃液及帮助消化的功能。

我特别喜欢吃桑葚，幼时常常在奶奶家的院子前放个小板凳，捧个小碗，吃得带劲。谁知，后来这个常常放小板凳的地方居然长出了一棵桑树，而且每年初夏的产量都不小。于是，我吃桑葚的方式从坐在小板凳上捧着碗吃变成了坐在屋顶上直接采摘着吃，现在想来都美滋滋的。遗憾的是，后来奶奶家的院子拆了，那棵桑树也就随之被砍掉了。如今，很多乡村会搞些农家乐的采摘活动，虽说也能与自然进行亲密的接触，可总不如采摘自家院子前的果实来得亲切。

条件有限的情况之下，芒种之际买上些梅子或是桑葚，做成酱也是很好的选择。选芒种过后的梅子，洗净去蒂，留核或是不留都可，用盐水腌制一晚后，将泡好的梅子加水和冰糖上锅煮，并不停地搅动，熬至焦黄色，便可装瓶待用。桑葚酱的做法差不多，只不过腌制的时间不宜过长，几分钟即可，熬煮的过程中也不宜加入太多冰糖，甚至可以加入适当的柠檬汁之类，调剂本就以甜为主的桑葚味道。这样做成的梅子酱或桑葚酱酸甜开胃，是炎炎夏日之中一款很不错的零食。

祭饯花神会

古时，芒种之际已近农历五月，百花开始凋残、零落，因此人们多在芒种日举行祭祀花神仪式，饯送花神归位，同时表达对花神的感激之情。

《三礼义宗》中有"仲夏之月"说："五月芒种为节者，言时可以种有芒之谷，故以芒种为名，芒种节举行祭饯花神之会。"《红楼梦》中非常生动地描写了大观园内众位姐妹为花神饯行的场面：

至次日，乃是四月二十六日。原来这日未时交芒种节。尚古风俗：凡交芒种节的这日，都要设摆各色礼物祭饯花神。言芒种一过便是夏日了，众花皆谢，花神退位，须要饯行。闺中更兴这件风俗，所以大观园中之人都早起来了。那些

女孩子们，或用花瓣柳枝，编成轿马的；或用绫锦纱罗，叠成干旄旌幢的；都用彩线系了。每一棵树头，每一枝花上，都系了这些物事。满园里绣带飘飖，花枝招展。更兼这些人打扮得桃羞杏让，燕妒莺惭，一时也道不尽。

——摘自〔清〕曹雪芹《红楼梦》

花神是中国民间信仰的百花之神，是统领群花之神。在中国传说中最早的花神是女夷，据《淮南子·天文训》记载："女夷鼓歌，以司天和，以长百谷禽鸟草木。"后来，人们凭着丰富的想象力，又创造了"十二花神"。

一年的十二个月中，每月有一种当月开花的花卉，谓之"月令花卉"，而每月有一位或多位才子、佳人被封为掌管此月令花卉的花神，共十二位，即"十二花神"。但是，民间的"十二花神"也有着非常多的版本，甚至女性和男性都有。比如，娥皇、女英、杨贵妃、貂蝉、西施以及屈原、李白、欧阳修、苏轼等，这么多的花神，有些算是熟悉的"面目"了，他（她）们能够成为某种花卉的主宰，也有着各自的故事与传说，虽然他（她）们自己并不知道。

兰为王者香，孔夫子在幽谷称扬。

海棠是花中仙，苏东坡常恨有艳无香。

菊同隐逸士，独立晚节芳，

凌霜傲骨，篱畔飘香，

陶居士酌酒花间怡如狂。

唐明皇在广寒曾抚蟾宫桂，归来龙滚带幽香，

始信那桂子月中乐，云外飘香果异常。

莲乃花君子，亭亭独占芳，

淤泥不染，中通外直，映日荷花伴柳塘。

西施曾被吴王宠，逞风流采莲戏舞在龙（卧牛）龙舟上。

桃之夭夭色最狂，春来蜂蝶舞花忙，武陵渔子曾垂钓，误入桃源到仙乡。

梅傲清奇品，冰肌玉骨凉。

雪迹横窗影，庾岭尽梅香。

浩然独步寻梅叟，灞桥策蹇踏银霜。

牡丹人称花富贵，堪夸国色与天香。

春园万卉谁能比，唐伯虎故写奇花伴玉堂。

——单弦《八花八典》

花草树木、飞禽走兽，都按照一定的季节时令活动，比如植物的萌芽、开花、结果和落叶，动物的蛰眠、苏醒、繁育和迁徙，都与自然规律

有密切的关系，这便是自然物候。我们的节气生活，如果没有农耕作为生产背景的话，可以把与自然的接触作为现代城市生活继续传承的一个切入点。比如，什么节气去看些什么植物或是稍微关注一下自然现象。节气给我们最大的影响并不是一个死板的时间刻度，而是时间一到身体便立即能感受到这个时间带来的变化。

物候是与节气相匹配的一种自然规律，也就是一年中月、露、风、云、花、鸟推移变迁的过程。从立春开始，每个节气约十五天的时间，这十五天又分为三份，每五天为一候，每一候都有随着气候的季节性变化而发生萌芽、抽枝、展叶、开花、结果及落叶、休眠等规律性现象。

芒种初五日，初候螳螂生。芒种之时，螳螂幼虫感受到阴气初生，破壳而出。如果螳螂幼虫没有出现，则说明阴气未生。

芒种又五日，二候鵙始鸣。鵙，伯劳也。再过几天，伯劳鸟开始在枝头出现，并且感阴而鸣。

芒种后五日，三候反舌无声。反舌鸟，也就是百舌鸟，是鸫科鸫属的鸟类，歌声嘹亮动听，并善仿其他鸟鸣。芒种之际，草木葱茏，共宿共飞的反舌鸟，却变得沉默了。

夏木多好鸟，偏知反舌名。

林幽仍共宿，时过即无声。

——［唐］张籍《徐州试反舌无声》

从芒种时节开始，农人们忙得不亦乐乎。可是，这个时节对于在城市中生活的我们仿佛没有那么重要，只是夏天的一个段落而已。虽然如此，我倒觉得芒种时节可以学着红楼女儿们的样子，来一场花神会，给枝枝蔓蔓系上些彩丝，也是借着节气的名义，让自然中的花儿们开得更艳丽些，并期待来年依然花团锦簇。清明种树、芒种养花，想想也算是一件美事。

一年四季，十二个月，二十四个节气，岁岁年年、轮轮转转，人看着动物和自然的和谐与冲突，也依照着自然规律进行着自己的生活和劳作。

夏至

鹿角脱落，蝉鸣阵阵，夏天过半了。

夏至也是二十四节气中很早被确定的节气之一，据说古人采用土圭测日影的方法确定了夏至。《月令七十二候集解》记曰："夏，假也；至，极也。万物于此皆假大而至极也。"《三礼义宗》释曰："夏至为中者，至有三义，一以明阳气之至极，二以明阴气之始至，三以明日行之北至，故谓之至。"夏天到此，算是热到极致了。

夏至过后，阳气消减，阴气上升，太阳直射点逐渐向南移动，正午太阳高度也开始降低，北半球白昼逐渐变短，民间有"吃过夏至面，一天短一线"的说法。一年之中，夏至日太阳高度角最高，阳光几乎直射北回归线，夏至日也是北半球一年中白昼最长、夜晚最短的一天，所以又称日长至。

夏至农稍忙

夏至是古时一年"四时"之一，民间常以这一天的天气占验农作物的收成：

> 夏至今无西北风，瓜蔬果腹不嫌丰。
> 菜鲜人嗜潮州白，薯美侬贪北地红。
> 邑志：夏至无西北风，则瓜蔬熟。又云地红薯，俗呼为番薯。
>
> ——〔清〕陈其藻《齐昌竹枝词》

齐昌，一般指兴宁，今属粤地。这里的人们认为夏至日不刮西北风的话，瓜果会丰收。而在河南一带，人们忌讳夏至这天在农历五月末，人们认为"夏至五月头，不种芝麻也吃油"，夏至在农历五月的上旬，这一年将会是丰收年；"夏至五月终，十个油房九个空"，夏至在农历五月的下旬，这一年的收成就会不好。每个地域都有自己对自然的理解和应对方法。

古时，农人们还把夏至到小暑之间的十五天分成头时（上时，三天）、二时（中时，五天）和末时（七天）三段，称为"三时"，人们认为中时、末时打雷下雨，会影响收成甚至带来水灾。

夏至到秋收，是庄稼生长的关键时期，农民们总是小心谨慎地度日，很怕得罪了上天，有损当年的收成。因此他们从这天起，不许说别人的坏话，也不剃头。《清嘉录》云："夏至日为交时，日头时、二时、末时，谓之三时。居人慎起居，禁诅咒，戒剃头，多所忌讳。"江苏一带农民也把夏至之后的半个月分成三段：前七天称为"头蒔"，后五天为"二蒔"，再三天为"三蒔"。当地农谚说"头蒔勿抢，二蒔勿让，三蒔请人带"，意思是头蒔插秧，不要抢早；二蒔播秧，不要落后；三蒔播秧，找人帮忙，不可延误。

在有些水稻产区，农人关秧门也在夏至左右。关秧门要求顺利进行，一定要下午未时末结束。农人种好最后一亩田后，会在田的四角栽下剩下的秧，一来留作稻田补种之用，二来表明这季的种田工作已完成，同时念叨"秧早返青发蓬，日后收谷无处藏"或"种田直直，稻大有力；种田弯弯，满田是谷"之类的吉利话。此外，农户禁止把秧带进村里，更不许带回家里，因为"秧"与"殃"同音。关秧门后，农人一般都要歇息一两天，再投入田间农事活动。

夏至后第一个辰日在有的地方被定为分龙日，宜雨，晴则兆旱，这一天人们会敲击盆盂等代替敲锣，祈龙至而下雨。民间观念认为，一年之中负责降雨的赤、黄、青、白、黑五位龙王有分有合。秋收开始至第二年春种这段时间里，忙碌了一年的龙王们都会潜入地下冬眠，第二年春耕前，龙王们醒来便各主一路，去自己的辖区行云布雨，于是便将五龙分开的日子统称为"分龙"：

五月二十分龙雨，今日霏微如下土。

前日何日何霖霪，正是分龙乃如许。

有余不足相乘除，天道人事元非疏。

何龙分得此乡雨，问龙先日何处居。

我昔游三江五湖，江湖处处皆龙潴。

我老归农卧海曲，与龙为邻无猜虞。

一盂饱饭龙所与，一片闲云龙所嘘。

百年地主属老夫，龙来龙去识我无。

神龙饮食与人异，布席欲荐寒泉蔬。

我知雨从龙身落，有时雨过堕虾鱼。

昔年海上亲眼见，龙出沧溟腾碧虚。

蜿蜒百丈露爪尾，黑水精屡光彻躯。

龙兮只在人头上，人不语龙谁语乎。

我有一寸愚，愿龙听区区。

一村南北异时雨，天公用意何偏枯。

愿龙溥泽均八极，东海苍生诚可吁。

——［宋］舒岳祥《分龙吟》

　　龙王掌管雨事，是很多民族的共识，分龙也是毛南族、畲族的传统节日。毛南族居住在黔桂边界的大石山区，人们认为每年夏至后的头一个时辰是水龙分开之时，家家户户都会蒸五色糯米饭并于田间祭祀，祈求风调雨顺，五谷丰收。福建东部地区的畲民信仰龙王，为防止"龙过山"损坏庄稼，便在作物落土后进行分龙，以祈求龙王不带来水患，保佑丰收。

　　2019年的夏至过后，有一部关于哪吒的电影掀起了一阵热浪，里面的故事便和龙王有关。虽然这部电影里龙宫的模样与我们印象中的全然不同，可是关于龙王的诉说依然令人们震撼。与节气有关的故事有很多，在夏至这样的日子里，不管是自己还是带着孩子们，可以去看一部诸如《哪吒》这样的电影，除此之外，了解一下所谓的"分龙日"的节气习俗也是不错的选择，即使我们自己现实的生活中并没有这样的仪式。

常谙夏至筵

夏至阳气最旺，积阴初起。《伤寒论》中说："夏至之后，一阳气下，一阴气上也。斯则冬夏二至，阴阳合也。"夏至时，人们要顺应阳盛于外的特点，吃食以清淡、易消化为主。

夏至吃面的习俗流行于全国大部分地区，北方一般吃打卤面和炸酱面，南方一般吃阳春面、干汤面、三鲜面等。炎夏之际，人们一般会食欲不振，俗谓"苦夏"。此时，人们会慢慢开始调整饮食，以清凉的食品为主，凉面通常为一般家庭的首选：

京师于是日，家家俱食冷淘面，即俗说过水面是也，乃都门之美品。向曾询及各省游历友人，咸以京师之冷淘面爽口适宜，天下无比。谚

云："冬至馄饨夏至面。"

——摘自〔清〕潘荣陛《帝京岁时纪胜》

所以，夏至这天北方的人们最好的选择便是煮上一碗面，在凉水里过一下，再拌些蔬菜，或是面酱，是炎热的日子里一道既简单又有意义的吃食。夏至时节，江南地区一般吃麦粽，比如苏州夏至的节气食俗中就有粽子：

忆在苏州日，常谙夏至筵。粽香筒竹嫩，炙脆子鹅鲜。

水国多台榭，吴风尚管弦。每家皆有酒，无处不过船。

交印君相次，褰帷我在前。此乡俱老矣，东望共依然。

洛下麦秋月，江南梅雨天。齐云楼上事，已上十三年。

——〔唐〕白居易《和梦得夏至忆苏州呈卢宾客》

很多地方志中也记载了人们夏至吃粽的习俗，比如，明正德《姑苏志》记载，苏州人"夏至作角黍，食李以解痁夏疾"。这里的角黍即是粽子。但是后来，人们多在端午节吃粽子，夏至以麦仁粥为主：

> 缚艾悬蒲百事烦，雄黄五日酒盈樽。
>
> 不如夏至偏崇俭，粒麦无多煮粥飧。
>
> 夏至日，以麦仁、糯米煮粥，谓之"夏至麦"。
>
> ——［清］姚文起《支川竹枝词》

　　夏至日，浙江有些地区有做醮坨的习俗，即用米磨粉，加韭菜等佐料煮食，又称"圆糊醮"。民间有谚云："夏至吃了圆糊醮，踩得石头咕咕叫。"旧时，很多农户还会将醮坨用竹签穿好，插于水田的缺口流水处，燃香祭祀，以祈丰收。

宵漏自此长

夏至，在古时有着十分重要的时序意义。

夏至时值麦收，自古以来有在此时庆祝丰收、祭祀祖先之俗。因此，夏至作为节日，被纳入古代礼典。汉代蔡邕《独断》记曰："夏至阴气起，君道衰，故不贺。"古人认为，夏至阴气生，是一个需要避忌的日子，因为阴气的滋生往往意味着鬼魅力量的增长，所以人们往往要用五色桃木装饰门来避各种灾祸。此后历代的夏至日，朝廷官员一般都有假期，可以回家休整。

《周礼·春官》曰："夏日至，于泽中之方丘奏之，若乐八变，则地示皆出，可得而礼矣。"古人认为，在夏至日祭祀土地可以消除疫病，避免天灾人祸。

以春日至始，数九十二日，谓之夏至，而麦熟。天子祀于太宗，其盛以麦。麦者，谷之始也。宗者，族之始也。同族者人，殊族者处。皆齐大材，出祭王母。天子之所以主始而忌讳也。

——摘自《管子·轻重己》

从春分这天往后数第九十二天，叫作夏至。此时新麦成熟，天子用新麦祭祀太宗，因为麦是一年的粮食中最早生长的，而宗是家族中最原始的。同族者可以入场致祭，异族者止步。但不论同族异族应当共同斋戒。以大牲致祭，同时要祭祀祖母，以表示天子尊重血缘之始和追思先人。

《史记·封禅书》又载："夏日至，祭地祇。皆用乐舞，而神乃可得而礼也。"汉以后，"夏祭"渐成规矩，且历代沿袭：

丕命惟皇，万物咸睹。卜年迈周，崇功冠禹。
有烨炎精，大昌圣祚。酌鬯祈年，永锡繁祜。
——［隋］佚名《景祐夏至皇地祇二首其二》

至清代，夏至大祀方泽仍为国之大典，一般于地坛举行祭祀仪式，企盼风调雨顺、国泰民安。

可惜的是，我在京求学时，很少在夏季前往地坛，那时候更吸引我的是春秋两季的地坛书市，每每前往都会拉上一个小箱子，然后一箱一箱地往回拉书。如今，听闻地坛书市也已经没落了，越来越多的人对于纸质的东西失去了兴趣，也许下次再去地坛，我就寻个夏至日去，看看是个什么境况。

其实，民间也有夏至祭祀的习俗。《四民月令》有曰："夏至之日，荐麦、鱼于祖祢，厥明祠冢。前期一日，馔具，齐，扫涤，如荐韭、卵。"明清地方志记载了很多民间在夏至举行秋报、食麦、祭祖的活动，如嘉靖河北《威县志》记载，"夏至，村落各率长幼以祭，名曰麦秋报"；万历安徽《滁阳志》记载，"夏至日食小麦、豌豆、郁李，戴野大麦一日，具疏食祀天神，人家多不荤"。以上都是夏至日祭神祀祖的记载，取使其尝新麦之意。在江苏很多地方，人们将新收获的米麦做成粥祭祖，让祖先尝新；而在浙江会稽一带则用面食祭祖。此外，浙江东阳的农民要置办酒肉，祭祀土谷之神，还要用草扎成束，插在田间祭之，叫作"祭田婆"。

在很遥远的地方，夏至日还有特别具有仪式感的活动。在英国威尔特郡，人们会聚集在巨石阵前，迎接夏至日的到来。巨石阵是英国最重要的史前建筑遗迹之一，石阵的主轴线与夏至日的日出方向位于同一直线，因此被认为是远古人类记录太阳运行轨迹的工具。

德鲁伊教是西方世界最古老的信仰之一，信仰德鲁伊教的凯尔特人每年于夏至、冬至、春分和秋分在巨石阵举行节气祭典，以庆祝四季更迭。伊万库帕拉节是东正教俄历的夏至，人们相信在这一天从篝火上跳过能够驱逐身上的疾病和噩运。

远方不远，天下大同。人们对于时序的感受与自然有着密切的关系，这便是节气之所以在今天依然重要的缘由。也许，随着历史和社会的变化，很多内容会慢慢消逝，但是，时间不可能带走节气的文化含义，这正是我们今天生活需要找寻的意义。

伏日愁暑气

夏至过后，即将入伏，除去祭祀之外，消夏避暑是这个时间段内比较普遍的活动。

旧时人们通常称每年最热的一段时期为"三伏"。一般来说一伏为十天，头伏、二伏、三伏共三十天，但是有些年份的中伏为二十天，因此有时"三伏"或为四十天。

"三伏"的计算时间如下：初伏的第一日为自夏至日起的第三个庚日，三伏的第一日为立秋日起的第一个庚日。庚日是干支纪年法，即"甲、乙、丙、丁、戊、己、庚、辛、壬、癸"称为十天干，"子、丑、寅、卯、辰、巳、午、未、申、酉、戌、亥"称为十二地支。由于一年的天数不是十的整倍数，故某年某月某日为庚日的话，那么下年的同一日就不会是庚日，这就造成夏至日起的第三个庚日及立秋日起的第一个庚日，均为不确定日，前后变化在十日之内。一般来说，每年头伏的第一日在七月十一日至二十一日之间，末伏的第一日在八月七日至十七日之间。

古时，皇帝会在夏至日颁冰，赏赐下臣，以解暑气，唐杜佑《通典》云："夏颁冰掌事，暑气盛，王以冰颁赐，则主为之。"普通老百姓也很重视夏至这个节气，其重要的活动自然也是消暑：

夏至齐夸日最长，牧童锣鼓闹丁当。

炒焦蚕豆新烧酒，爆竹喧轰正夕阳。

夏至日，牧童结会，锣鼓齐鸣，俗名"打夏"。

——［清］韩鼎《历阳竹枝词》

夏至日，孩子们用敲锣打鼓的方式度过。据考证，晋代开始，私塾一般在六月六日开始放假，夏至之时的孩子们很可能也处在现代意义的暑假之中。我还是学生的时候，最期盼的自然是暑假，因为比寒假的时间长很多，而且可以肆无忌惮地吃冰激凌。当我毕业之后，最怕的便是暑假，因为到处都是人，连日常去的游泳池也是人满为患。我曾经遇到过游到一半被个套着游泳圈的小孩子抓住胳膊硬是要我停下来跟他聊聊足球的情况，从此再也不在暑假的时候去游泳了。

古时夏至日，闺阁之间还会互相赠送折扇、脂粉等物件。唐段成式《酉阳杂俎·礼异》曰："夏至日，进扇及粉脂囊，皆有辞。"《辽史·礼志》记载："夏至之日，俗谓之'朝节'，妇人进彩扇，以粉脂囊相赠遗。"这里的"朝节"是指互相赠送礼物。人们互相赠送寓意消夏避暑的礼物，以示对节气转换的重视。

在我们生活的这个时代有一个特别时兴的词儿——闺蜜，说的自然是女性之间的友情。很多人都认为女性之间很难有情，毕竟都有些枝枝节节的考量，我倒是觉得，女性朋友之间可能确实很难建立较好的关系，但是一旦建立了，绝对是至交。庆幸的是，在我自己生活的每个阶段都有几个这样的朋友，一起经历过很多，好的、坏的。比如，我们会在夏至的时候约着一起去看一场叫作《千与千寻》的电影，各自捧着一杯冰咖啡，一句话也不说，就是并排坐在那里，认真地盯着屏幕，一起陪千寻做一个"噩梦"。所以，不妨将夏至日选做自己生活里的"闺蜜日"，在阳气盛极将退的时候，一起做些或是疯狂，或是安然的事情，给夏至一个现代、时尚的样子。

古时，为了度过炎热的夏季，人们还会"数九"，与冬季的"数九"差不多。

一九二九，扇子不离手。三九二十七，吃茶如蜜汁。

四九三十六，争向路头宿。五九四十五，树头秋叶舞。

六九五十四，乘凉不入寺。七九六十三，夜眠寻被单。

八九七十二，被单添夹被。九九八十一，家家打灰基。

——江苏民谣

就这样数着数着，炎热的日子就过去了，那些跟夏日相关的物件，比如扇子、凉茶、冰棍儿之类的东西，也一件又一件的要离开我们的视线了。当然，明年这个时间，它们还会出现，这便是周而复始的生活。

端午临中夏

仲夏五月，正是石榴花开的季节。

芒种前后的农历五月初五，是端午节。记忆中，挂着艾草、裹着粽香而来的这个节日，常常被老一辈的人们唤作"五月大五"，比之"端阳节""天中节""浴兰节""重五节"这些略显雅趣的名称多了些柴米油盐的味道，而比之"龙舟节""粽子节""诗人节"这些太具象化的名称又多了些可以深思的空间。

轻汗微微透碧纨，明朝端午浴芳兰。流香涨腻满晴川。

彩线轻缠红玉臂，小符斜挂绿云鬟。佳人相见一千年。

——［宋］苏轼《浣溪沙·端午》

《风土记》里有说："仲夏端五。端者，初也。"端五，即农历五月初五。据《礼记·月令》记载，五月为阳气最盛之时，因此"端五"也被称为"端阳"。按照物极必反的道理，阳气至盛时阴气开始滋生，阴阳交接之际，容易致使毒虫出没、瘟疫流行。按《易经》的说法，五月初五是阳气运行到端点之时，此时五毒（蜈蚣、蝎子、壁虎、蜘蛛、毒蛇）并出，尤为恶日。《夏小正》中记载："此日蓄药，以蠲除毒气。"

　　在《史记》讲述的故事里，战国四公子之一孟尝君田文的父亲田婴有四十多个儿子，而田文的母亲是田婴的一个小妾。田文于农历五月五日出生，田婴告诉他妻子："这个孩子不能养！"可是田文的母亲还是偷偷把他养大了，并通过田文的兄弟引见给田婴。田婴见了，大怒，质问道："我让你把这个孩子扔了，你怎么竟敢把他养活了？"田文的母亲还没回答，田文立即叩头大拜，问："您为什么不让养育五月生的孩子呢？"田婴回答说："五月出生的孩子，长大了身长跟门户一样高，就会害父害母。"田文说："人的命运是由上天决定，还是由门户决定呢？"田婴一时不知怎么回答好。看到父亲沉默不语，田文接着说："如果是由上天决定，您又何必忧虑？如果由门户决

定，只要加高门户就可以了。"由此可见，战国时期的五月五日就已经是人们观念中的恶日了，人们会想方设法进行避忌。

五月初五之日，人们会插菖蒲、艾叶以驱鬼，喝雄黄酒、菖蒲酒等以避疫，而对于未到饮酒年龄的小孩子，则给他们的额头、耳鼻、手足心等处涂抹上雄黄酒，防病避疫。对于此，身处长江流域的人们可能感受更多些，而诸如我这种黄河边儿上长起来的娃儿，第一次见识到雄黄酒的威力怕是要追溯到许仙、白娘子以及法海的恩怨情仇了。

含悲忍泪托故交。
为姐仙山把草盗，你护住官人莫辞劳。
为姐若是回来早，救得官人命一条；
倘若是为姐回不了，你把官人的遗体葬荒郊。
坟前种上同心草，在坟边栽起相思树苗。
为姐化作杜鹃鸟，飞到坟前也要哭几遭。

——摘自京剧《白蛇传》

第一次听到这段唱词时，我不争气地流下了泪。当时自诩"正义"一方的我，怎么也想不明白白娘子为何一定要饮下害自己现出原形的雄黄酒，现在倒是可以冠冕堂皇地说：习俗有时候是一种潜移默化又理所当然的力量。天堂也好、鬼门也罢，入乡随俗才是正道。如果真的追溯起来，其实白蛇最初才是"不正义"的一方。我们的故事有着太多的讲法，更是随着历史的变迁产生了太多的变化，有时候我们看到的往往只是一个侧面而已。当然，这并不是说我们不能因为看到的只是片面的东西就不能做出评判，只是评判时要更加小心翼翼一些。

端午节，石榴花是应时之花，花红似火，既艳丽又可以驱邪，深受人们喜爱，所以"石榴花开戴满头"是旧时端午节一道亮丽的风景。除此之外，人们也会手工制作一些饰物，比如将彩纸剪成各种葫芦形状，倒贴在门上，"以泄毒气"；或者用檀香、木瓜、沉香、芸香等做成香囊；又或者用绒布、线、纸、草为原料特制"神符""福儿""葫芦儿"等多种饰物：

贴画虎、蝎、虾蟆或天师等图，揭之楣间，谓之"神符"，道家亦有画符以送檀越者。人家妇女以花红绫线结成虎形、葫芦、樱桃、桑椹，及蒲、艾、瓜、豆、葱、蒜之属，以彩绒贯之成串，以细小者为最，缀于小儿辫背间。或剪纸，或镂纸，折纸作葫芦、蝙蝠、卍字各式，总谓之"福儿"。杂五色彩纸以衬之，总谓之"葫芦儿"。妇女买通草小虎、彩绒福儿，戴钗簪头上。

——摘自［清］让廉《京都风俗志》

　　母亲们可以在端午节到来之前缝上一个荷包，装些艾草之类的东西，佩戴在孩子们的身上，也起到防病避疫的功用。当然，现在各地博物馆的文化创意产品做得出色，实在手拙的话，也可以选择购买，其实心意都是一样的。

　　服饰之外，民间端午还有挂钟馗像的习俗。传说钟馗擅捉鬼，唐明皇有一次从骊山回宫，得了疟疾，用过很多办法都不见好转。突然一天，他做了一个梦，梦到一大一小两个鬼：小鬼穿着红裤衩，光着一只脚丫，穿一只鞋，腰里别着一只鞋，手里握着一把纸扇，偷了自己的玉笛和杨贵妃的香囊，绕着大殿奔走；大鬼则头戴帽，穿蓝袍，脚蹬朝靴，一只胳膊露在外面，后来一把抓住了小鬼，剜出其眼珠后一口吞了下去。唐明皇问他是谁，他施礼回道："我是终南山的钟馗。高祖武德年间，因赴长安应武举不第，羞归故里，撞死在殿前。高祖赐我衣袍下葬，我感德不尽，立志要除尽天下妖魅，以报皇恩！"醒来后，唐明皇惊出一身冷汗，疟疾也跟着好了。随后，唐明皇把梦里钟馗的样子告诉了当时著名的画家吴道子，令他挥笔作画，并下令每到端午，家家户户挂钟馗像，端午节挂钟馗像遂成习俗。

当然，这天让人感受更深的恐怕还是味道，毕竟我们本是"舌尖上的中国人"。端午时节粽子飘香，几乎家家户户都会吃粽子。历史上关于粽子的记载最早见于汉代许慎的《说文解字》"芦叶裹米也"。魏晋南北朝开始流行端午食粽的习俗，《风土记》有曰："仲夏端五，方伯协极。享用角黍，龟鳞顺德。"粽子自此成了各地端午节的标志食物，只是这粽子飘香飘的究竟是何种香，就见仁见智了。印象之中，从开始意识到端午节要吃粽子，最纠结的便是要不要蘸白糖？是选红枣的还是豆沙的？直到某一年的端午，江南嘉兴的朋友送来几个蛋黄鲜肉粽，"新世界"的大门就此打开。虽然嗜好甜食的我在各种吃食的"南北之争"中，永远选择适合自己口味的那一款，但是却也深深地领悟到了"舌尖上的中国"最为精髓的内容：一个善于将同样的食物开发出各种不同口味并且能够争相媲美、各领风骚的民族，传统怎么可能是僵化的？内心怎么可能是狭隘的？文化怎么可能是单一的？吃，绝不仅仅是填饱肚

子，它是一种极为深厚的学问，这是我过了很久才发现的问题。端午时节，按照喜爱的口味，亲手包些粽子给全家人吃，也是一件很有意义的活动。

除了粽子，五毒饼也是端午节的应时食品。五毒饼是印有蝎子、蟾蜍、蜘蛛、蜈蚣、蛇等五种毒虫图案的玫瑰饼。旧时的北京，每到农历四月玫瑰花开的时候，人们便会用玫瑰花瓣为馅料，做成甜饼。比如，前面提到的京西妙峰山，就是盛产玫瑰饼的地方。当然，云南玫瑰鲜花饼也颇具特色，清香可口，可以买来尝尝。

回想起来，观赏龙舟竞渡记忆的缺失也是我心头一痛。据说，"龙舟"一词最早见于《穆天子传》："天子乘鸟舟、龙舟浮于大沼。"有专家考证，进行龙舟竞渡的先决条件必须是在多河港的地区，而这正是我国南方地区的特色。据此可以推测，端午竞渡的习俗最初可能只在长江下游流行，后来才传到长江上游和北方地区。

石溪久住思端午，馆驿楼前看发机。
鼙鼓动时雷隐隐，兽头凌处雪微微。
冲波突出人齐谶，跃浪争先鸟退飞。
向道是龙刚不信，果然夺得锦标归。

——［唐］卢肇《竞渡诗》

《旧唐书》中记有穆宗、敬宗观龙舟竞渡之事；《东京梦华录》有北宋皇帝于临水殿看龙舟，明代帝王在中南海紫光阁观龙舟，清代乾隆、嘉庆帝则在圆明园福海观赏竞渡等记载。在当时，这些区域非寻常百姓所能踏足，自然也不能引起轰动效应。

时至今日，赛龙舟这样的民间游艺娱乐项目的主要生存土壤依然是江浙闽粤一带。虽然我从事民俗研究有一段时间了，但是因为各种原因，至今也未能够真切地感受一下赛龙舟的豪迈与激烈。当然，每当我表达这样的遗憾时，也会立刻想到茫茫草原上套马的汉子和深山老林里爬杆的勇者。所谓天时地利人和，各美其美，如是而已。

说到最后，最想说的还是屈原这个因"香草美人"成就一生浪漫与悲壮的人，也是跟端午节有着太多牵绊的人。据《史记·屈原贾生列传》记载：屈原少年时博闻强识，早年受楚怀王信任。他提倡美政，举贤授能，后因谗言去职流放。在流放中，屈原写下了忧国忧民的《离骚》《天问》等诗篇。后来，秦军攻破楚国京都，屈原写下绝笔作《怀沙》后，于五月五日抱石投汨罗江而死。

浩浩沅湘，分流汩兮。修路幽蔽，道远忽兮。

怀质抱情，独无匹兮。伯乐既没，骥焉程兮。

万民之生，各有所错兮。定心广志，余何所畏惧兮？

曾伤爰哀，永叹喟兮。世浑浊莫吾知，人心不可谓兮。

知死不可让，愿勿爱兮。明告君子，吾将以为类兮。

——摘自屈原《怀沙》

既然理想不能实现，那只能到滚滚江水中寻觅人生的归宿，将一腔家国情怀付诸重石之上，随我兴亡。然而花落余香，以死殉道的屈原成为一个节日发展与传承的精神内核，于今日之时仍然闪耀着光芒，这也许算是一种冥冥之中的力量。无论真实情况到底怎样，屈原与端午结下了不解之缘，这种缘分或许不仅仅是粽子与龙舟那么简单。你何以断定，数千年前人们纷纷投入江中的粽子不包含着执鞭随镫的愿望？你又怎能否认，数千年来人们竞相冲向终点的龙舟不代表着踵事增华的信念？千万不要简单地断定一件小事毫无意义或是价值甚微，因为，多的是你不知道的事。

夏至初五日，初候鹿角解。麋与鹿属同科，但古人认为二者分属一阴一阳。鹿的角朝前生，所以属阳。夏至日阴气生而阳气始衰，所以阳性的鹿角便开始脱落。而麋因属阴，所以在冬至日角才脱落。

夏至又五日，二候蜩始鸣。蜩，也就是蝉。知了在夏至后因感阴气鼓翼而鸣。

夏至后五日，三候半夏生。半夏，又名地文、守田等，属药用植物，生于夏至日前后。此时，一阴生，天地间不再是纯阳之气，夏天也过半，故名半夏。

> 九衢三伏涨黄尘，病发萧萧挂葛巾。
> 正好关门消永日，可堪曳履见时人。
> 惊风梧叶常疑雨，窥户薇花不是春。
> 睡起北窗修茗供，月团香细石泉新。
> ——［明］文徵明《伏日》

从夏至开始，人们进入了伏日，天气愈发地热燥难挨。这个时节最受欢迎的吃食便是凉面了。可以做些番茄炒蛋，炒上个茄子，再切上些黄瓜丝儿，砸些蒜泥，面煮熟后过冷水，拌上上述诸多材料，既保证了营养摄入，也吃得爽快，真真算是过伏的好味道。

夏至前后，正逢端午，这是夏日里为数不多的传统节日。对饮食有兴趣的自然可以学着包包粽子这样的节俗食品，不管是自己食用还是赠送亲朋都算是好的节日礼物。对手工有兴趣的人们，尤其是母亲，可以做些荷包，装上艾草或花瓣，给孩子们挂上，既寓意吉祥，还起装饰的作用。又或者，实在无暇做手工的人，缠些五色丝线在孩子们的手腕上，也有同样的功能。时间富裕些的人们，可以到江边看看赛龙舟，领略一下承自屈原的精神力量。

夏天过半，人还在暑气中，也可以寻座山，隐居一段时间，听听蝉鸣，也许就不会有烦躁的心境了。

小
暑

如果你住在乡间，当在屋檐下能够听到蟋蟀鸣叫的时候，便是小暑节气了。

小暑时天气开始变得炎热，但还没到最热。《月令七十二候集解》记曰："暑，热也，就热之中分为大小，月初为小，月中为大，今则热气犹小也。"热浪由小渐大，滚滚而来。

小暑开始，江淮流域梅雨先后结束，天气越来越热，民间有"小暑大暑，上蒸下煮""小暑接大暑，热得无处躲"的说法。

黄梅倒转来

　　小暑时节气温高、雨水丰富、阳光充足，是万物生长最为繁盛的时期。此时，农民多忙于夏秋作物的田间管理。南方大部分地区，此时常出现雷暴天气，要适当防御雷暴带来的危害：

　　惊人小暑一声雷，倒转黄梅雨又来。

　　六月热须宵露重，田中五谷结珠胎。

　　谚云：小暑一声雷，黄梅倒转来。又云：六月不热，五谷不结。然又云：三伏之中逢酷热，五谷田中多不结。盖宜昼凉而宵热，昼凉则日曝免焦，宵热则露重益滋也。

　　　　　　　　　——［清］秦荣光《上海县竹枝词》

　　倒黄梅，指的是进入盛夏数日，长江中下游已具盛夏特征后又再转入具有梅雨特点的天气。

民谚有"小暑一声雷，倒转半月做黄梅""小暑雷，黄梅回；倒黄梅，十八天"等说法。

　　民间也有利用小暑天气预测大暑天气的习惯："小暑南风，大暑旱"，小暑若是吹南风，则大暑时必定无雨；"小暑打雷，大暑破圩"，小暑日如果打雷，必定有大水冲决圩堤，要注意防洪防涝。

　　有意思的是，小暑季节也有"三车"，"小暑西南风，三车勿动"，这"三车"却是不能动的车：油车、轧花车、碾米的风车。小暑前后，若吹西南风，则会年景不好，农作物歉收，油车、轧车和风车都不动了。

　　"小暑之时，雨热同季"，雨与小暑一般相伴而生。入伏以后，因暴雨形成的洪水被称为"伏汛"。伏汛会对蔬菜、棉花、大豆等造成不利影响。可是，如果小暑时节没有雨也不是好的兆头。民间有"小暑无雨，饿死老鼠"的说法，意思是说小暑日不下雨，整个夏季就缺少雨水，秋季的收成一定不好，连老鼠都会被饿死。

　　这时，农人们依然一边担忧一边忙碌着，总怕这一年的秋天无法得到一个好的收成，即使大汗淋漓也不离自己的土地。而我，通常已经开始

了避暑的日子。比起运动后的汗水，暑气带来的
汗水实在是恼人，总是黏黏糊糊的，这让人对夏
天真是爱不起来。

助阳尝麦麹

"食新"是旧时小暑的习俗之一，意为品尝新米。人们用刚刚成熟的稻谷做成祭饭，祭祀五谷神灵与祖先。祭祀之后，人们便品尝自己的劳动成果，食新来，饮新酒，感激大自然的赐予。

入伏之时，刚好是麦收的时候，人们用新磨的面粉包饺子或者做面条，于是民间就有了"头伏饺子二伏面，三伏烙饼摊鸡蛋"的说法。我家在城市，然而每逢数伏，我的母亲还是会按照这样的顺序安排家里的餐食，约是因为当初外祖父、外祖母常常叨叨这些老一辈的说法吧。

据考证，伏日吃面习俗出现在三国时期。魏文帝《典论》曰："大驾都许，使老禄大夫北镇袁绍军，与绍子弟日共宴饮，常以三伏之际，昼夜酣饮极醉，至于无知，云以避一时之暑。"东晋史学家孙盛《魏氏春秋》谓："何晏以伏日食汤饼（面条），取巾拭汗，面色皎然，乃知非傅粉。"《荆楚岁时记》中载："六月伏日食汤饼，名为辟恶。"就像前面说过的，民间传统观念认为五月是恶月，六月与五月相近，故也应"辟恶"。

吃伏羊是鲁南和苏北地区在小暑时节的传统习俗。入暑之后，正值三夏刚过、秋收未到的夏闲时候，而此时的山羊，已经吃了数月的青草，肉质肥嫩，正适合夏季进补。

江苏徐州民间有"彭城伏羊一碗汤，不用神医开药方"的说法。我曾到过徐州，真的很是惊讶于当地的"嗜羊"之风，街头上很多"全羊宴"的牌子，让我恍惚间以为自己到了盛产羊肉的草原。只不过，我还真的未在小暑节气去过徐州，不知道那个时节的徐州会不会空气里都弥漫着羊肉的味道。

其实，伏日吃肉的习俗古已有之，《史记·秦本纪》云："德公二年（公元前676年）初伏，以狗御蛊。"也就是说，秦人进入伏天时，通过吃肉强身健体，用以防暑和驱疾。古时，已有关于皇帝伏日赐肉故事的记载：

　　伏日，诏赐从官肉。大官丞日晏下来，朔

独拔剑割肉，谓其同官曰："伏日当蚤归，请受赐。"即怀肉去。大官奏之。朔入，上曰："昨赐肉，不待诏，以剑割肉而去之，何也？"朔免冠谢。上曰："先生起，自责也！"朔再拜曰："朔来！朔来！受赐不待诏，何无礼也！拔剑割肉，一何壮也！割之不多，又何廉也！归遗细君，又何仁也！"上笑曰："使先生自责，乃反自誉！"复赐酒一石，肉百斤，归遗细君。

——摘自《汉书·东方朔传》

在一个三伏天，武帝诏令赏肉给侍从官员。大官丞到天晚还不来分肉，东方朔独自拔剑割肉，对他的同僚们说："三伏天应当早回家，请允许我接受皇上的赏赐。"随即把肉包好揣在怀里离去。大官丞将此事上奏皇帝。次日，东方朔入宫，武帝说："昨天赐肉，你不等诏令下达，就用剑割肉走了，是为什么？"东方朔摘下帽子下跪谢罪。皇上说："先生站起来自己责备自己吧。"东方朔再拜："东方朔呀！东方朔呀！接受赏赐不等诏令下达，多么无礼呀！拔剑割肉，多么豪壮呀！割肉不多，又是多么廉洁呀！回家送肉给妻子吃，又是多么仁爱呀！"汉武帝笑着说："让先生自责，竟反过来称赞自己！"于是，又赐给他一石酒、一百斤肉，让他回家送给妻子。

东方朔是个奇人，据说就生于我的故乡。他谈吐诙谐，聪慧多智，是可以隐于朝的人物，传说其伴君伴虎之技艺，近乎炉火纯青，所以能做出如上事情。正是东方朔所在的汉代开始流行"五行相生相克"的观念。古人认为，天下万物皆由五类元素组成，分别是金、木、水、火、土，彼此之间存在相生相克的关系。五行是指木、火、土、金、水五种物质的运动变化。相声中有《阴阳五行》（也有名为《五红图》），便是通过搞笑的形式，比较通俗地介绍了这种知识。

甲：我研究的不是一门儿，是全门儿。我一个人研究的包括他们所有的各门，我这叫综合科学。

乙：啊，这我不懂，什么叫综合科学？

甲：这么说吧，我所研究的是包罗万象。自从混沌初分，海马献图，一元二气，两仪四象生八卦，八八六十四卦，阴阳金木水火土……

乙：行啦，您甭说了，您怎么还研究这个呢？

甲：怎么啦？

乙：现在是原子时代，人类都飞上天空去了，到宇宙空间去了。人家研究原子、核子、电子、离子……

甲：这我懂，原子、电子、饺子、包子……

乙：包子？……

甲：你不懂，他们研究的所有问题，那也出不去我说的几个字：阴阳金木水火土，我这几个字能包括世界万物。

——摘自相声《阴阳五行》

按照阴阳五行的理论，人们普遍认为最热的伏天属火，而庚属金、火克金，所以到了伏天，"金必伏藏"。伏日吃肉，何妨一试？

家家晒红绿

小暑前后的农历六月初六是"天贶节",民间也称"洗晒节",有"六月六,猫儿狗儿同沐浴"之说。

内府銮驾库、皇史宬等处,晒晾銮舆仪仗及历朝御制诗文书集经史。士庶之家,衣冠带履亦出曝之。妇女多于是日沐发,谓沐之不腻不垢。至于骡马猫犬牲畜之属,亦沐于河。

——摘自〔清〕潘荣陛《帝京岁时纪胜》

夏至后,气温升高,天气非常闷热,江南地区甚至有长达数周的梅雨期,潮湿的空气使得物件极易霉腐损坏。所以,在这一天从皇宫到民间都有洗浴和晒物的习俗。民谚有云:"六月六,家

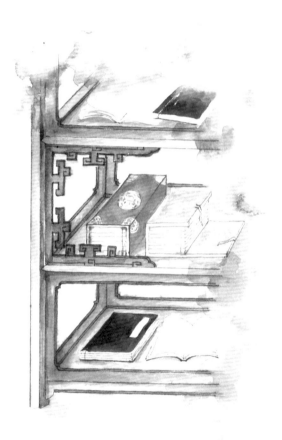

家晒红绿。""红绿"指的就是五颜六色的各样衣服。此外，轿铺、估衣铺、皮货铺、旧书铺等要晾晒各种商品，而各地的寺庙道观也要在这一天举行"晾经会"，把所存的经书统统摆出来晾晒，以防潮湿腐烂、虫蛀鼠咬。

元明清时期，农历六月六还是朝廷法定的"洗象日"。据载，那时的皇帝都有庞大的仪仗队，由车马象、鼓乐幡伞等组成。暑热天时，大象在都城附近的积水潭中洗浴嬉戏，引来百姓争看围观。乾隆时期，皇家饲养的大象有三十多头，有专人喂养和训练。驯养大象的象房设在宣武门内西侧城墙根一带：

六街车响似雷奔，日午齐来宣武门。

钲鼓一声催洗象，玉河桥下水初浑。

——摘自［清］杨静亭《都门杂咏》

如今的宣武门自然没有了当初的象房，不过我偶尔去北京时，也常在此处流连，因为这里现在有个戏剧村，时常有些小型的演出，别有一番风味。时间总是流淌着的，可以向前看或者向后看，但事实上，最重要的还是要过好当下。

饲养宠物的人，约是现代城市生活中需要

好好重视六月六的群体，毕竟我们虽然没有大象可以洗，但是猫猫狗狗之类的这一天也需要洗个澡，去去霉气。

在民间，天贶节还有"姑姑节"或"回娘家节"的说法。每逢农历六月初六，各家各户都会请已出嫁的姑娘回家，民谚有言："六月六，请姑姑。"

相传，此俗是由春秋时期有名的宰相狐偃改过故事而来。春秋时期，出现了大国争霸的局面，在春秋五霸中，晋国是继齐国之后又一个争得霸主地位的国家。当时的晋王是晋文公，晋文公的周围集结了一大批贤臣良相，狐偃就是良相之一。狐偃，晋文公的舅舅，他随重耳出亡时，已逾花甲之年，但仍不辞劳苦，辅佐保护重耳，为他出了很多计策，使重耳最终得以返回晋国，大展宏图，成就霸业。公子重耳继位后，拜狐偃为相。但狐偃因功自傲，其儿女亲家、晋国功臣赵衰，直言指责其败行，反被气死。狐偃的女婿欲在六月六日狐偃生日这天暗中将狐偃杀掉，并和其妻子狐偃之女相商。狐偃之女见丈夫要杀自己的父亲于心不忍，暗中返回娘家密告其母。此时，狐偃于放粮途中亲眼看见百姓疾苦，自己也有所醒悟，回家又听到女婿的预谋，更加悔痛，于是幡然悔悟，翁婿和好，倍加亲善。为了记住这个教训，狐偃每年六月六日都要请女儿、女婿回来，征求意见，了解民情。

六月初，小麦即将收获完毕，女儿回娘家团聚，并与娘家之人互相探问麦收情况。旧时的女子们，一旦出嫁便如泼出去的水一般，只有在一些特定的日子或节日才可以回娘家与亲人团聚，这时，节日便成了维系亲情的细带。

小暑初五日，初候温风至。小暑之日，温热之风至此而盛，天气越来越热。

小暑又五日，二候蟋蟀居宇。天气越来越炎热，蟋蟀离开田野，来到较为阴凉的庭院或村头屋角的石缝里穴居。

小暑后五日，三候鹰始鸷。地表高温，老鹰选择搏击长空，变得更加凶猛。

暑气渐盛，没有时间或是条件隐匿山间的人们会脾气火爆，像雄鹰般凶猛吗？应该不会，因为人们发明了空调。从小暑开始，日子仿佛像在烤炉中度过一般，能歇的就都歇了吧，越忙越燥乱。可是，大太阳当头的日子里，有一件事还是值得做的——晾晒衣物。此时晾晒的衣物自然不是日常换洗的衣物，而是贮放多日的衣被之类。盛日之下，晒晒这些东西可以祛除些霉潮，也算是为日后穿用做些准备了。

大
暑

暑热不退，热枯的草上突然出现了点点萤火，星火光芒之中，夏季最后一个节气——大暑到了。

《月令七十二候集解》记曰："暑，热也，就热之中分为大小，月初为小，月中为大。"大暑节气正值三伏天的中伏，是一年中最热的时期。

禾黍并瓜李

古时，大暑时节播种的农作物被称为"黍"，《说文解字》有曰："黍，禾属而黏者也。以大暑而种，故谓之黍。从禾，雨省声。孔子曰：'黍可为酒，禾入水也。'凡黍之属皆从黍。"还记得上学时要求背诵的诗文吧：

> 硕鼠硕鼠，无食我黍！三岁贯女，莫我肯顾。逝将去女，适彼乐土。乐土乐土，爰得我所？
>
> ——摘自《诗经·硕鼠》

对于农人来说，伏天也是一年中农业生产重要的时节，因为伏天的高温为喜温的农作物生长和高产提供了有利的条件。

"禾到大暑日夜黄。"大暑时节是南方种植双季稻地区最艰苦、最紧张的"双抢"季节，当地农谚有"早稻抢日，晚稻抢时""大暑不割禾，一天少一箩"的说法。大暑时节，如果天气不热，有可能影响农作物的生长："大暑无汗，收成减半"，意思是大暑不热，则庄稼会歉收；"大暑没雨，谷里没米"，大暑不下雨，稻子无法充分生长，稻谷就是干瘪的；"大暑连天阴，遍地出黄金"，酷暑盛夏，水分蒸发很快，生长旺盛的作物对水分的需求更迫切，如果大暑时节出现连阴雨可以保证作物的水分供给。

大暑节气，雨水多、湿气重、气温高，于农作物来说生长发育最为旺盛，然而对人们来说，这样的气候并不舒适，民谚有曰："稻在田里热了笑，人在屋里热了跳。"

大暑是一年中最热的节气，很多地区经常会出现四十摄氏度以上的高温天气。而在这酷热的季节，人们一般都会食欲不振、精神不佳，因此会有相应的调理饮食的说法或是做法。

福建莆田人有大暑吃荔枝的习俗，也叫"过大暑"。荔枝可以补脾益肝、理气补血，增强免疫力。大暑这一天，人们通常会将采下来的鲜荔枝浸于冷井水之中，待凉后取出来享用。说起荔枝，人们总是会想到杨贵妃，其实我想说的反而是《上林赋》的文字：

> 于是乎卢橘夏熟，黄甘橙楱，枇把橪柿，樗奈厚朴，楟枣杨梅，樱桃蒲陶，隐夫薁棣，荅沓离支，罗乎后宫，列乎北园。贬丘陵，下平原，扬翠叶，扤紫茎。发红华，垂朱荣。煌煌扈扈，照曜巨野。
>
> ——摘自［西汉］司马相如《上林赋》

赋这种文体，极尽铺陈之事，华丽得有些莫名，但有时后读来也颇美。那个时候，荔枝还被称为"离支"，即割去枝丫之意。据说，古人那时便已认识到，荔枝这样的水果不能离开枝叶，假如连枝割下，保鲜期会增长。古人真是聪明得很。

广东人有大暑吃仙草的习俗。仙草又名凉粉草、仙人草，具有消暑功效。人们将仙草的茎和叶晒干后，做成"烧仙草"（即凉粉），吃了可以祛暑，民谚有曰："六月大暑吃仙草，活如神仙不会老。"烧仙草也是台湾地区颇受欢迎的小吃之一，一般有冷、热两种吃法，类似龟苓膏，也有清热解毒的功效。台湾人还有大暑吃凤梨的习

俗，一般认为大暑时节的凤梨最好吃。

　　我生活的地方则没有这些清暑方法。我这样很少吃冷食的人，酷暑时节也会备上一些冰激凌，或是冰镇西瓜，等到实在抵不过暑气的时候过过瘾。

俱闲好并游

大暑时节是一年中最热的时期，农作物生长最快；大暑时节也是荷花盛开的时节，出淤泥而不染的荷花会给夏天带来一番别样的风景。《水经注·沔水》中写到了人们建造"大暑台"来消夏避暑："湖东北有大暑台，高六丈余，纵广八尺，一名清暑台，秀宇层明，通望周博，游者登之，以畅远情。"

大暑所在的农历六月也称"荷月"，此时荷叶连连、芙蓉出水，是盛夏中最美的风景，所以很多地方都有暑日赏荷的习俗。

荷花，如同梅兰竹菊一样，也是有着文化品格的一种植物，至今很多人尚能随口背诵下面这段文字：

水陆草木之花，可爱者甚蕃。晋陶渊明独爱菊。自李唐来，世人甚爱牡丹。予独爱莲之出淤泥而不染，濯清涟而不妖，中通外直，不蔓不枝，香远益清，亭亭净植，可远观而不可亵玩焉。

予谓菊，花之隐逸者也；牡丹，花之富贵者也；莲，花之君子者也。噫！菊之爱，陶后鲜有闻。莲之爱，同予者何人？牡丹之爱，宜乎众矣！

——〔宋〕周敦颐《爱莲说》

田田叶盖、层层花瓣，荷花代表着高洁与完美，于是成为人们钟爱的夏季风景。

荷花长于水泽，最初以江南为盛。据说，吴王夫差得到越国敬献的美女西施后，特在今苏州城西的灵岩山建了一座休闲离宫，宫内花池便种荷花。也因为这样，西施成了后人眼里的"荷花神"之一。

隋唐时，池中赏荷在皇家贵族中很是流行。据《开元天宝遗事》记载，唐玄宗非常喜欢与杨玉环一起赏荷："太液池有千叶白莲，数枝盛开，帝与贵戚宴赏焉。"杨玉环喜欢荷花，为讨美人欢心，匠人们便把华清池的进水口设计成莲花的形状。

宋代，由于园林普遍养荷，民间赏荷之风渐起。每逢农历六月二十四（民间以此日为荷诞，即荷花生日），人们便至荷塘泛舟赏荷、消夏纳

凉。《清嘉录·荷花荡》中记曰："是日（农历六月二十四日），又为荷花生日。旧俗，画船箫鼓，竞于葑门外荷花荡，观荷纳凉。"明代袁宏道曾描述苏州赏荷盛景：

> 荷花荡在葑门外，每年六月廿四日，游人最盛。画舫云集，渔舠小艇，雇觅一空。远方游客，至有持数万钱，无所得舟，蚁旋岸上者。舟中丽人，皆时妆淡服，摩肩簇舄，汗透重纱如雨。其男女之杂，灿烂之景，不可名状。大约露帏则千花竞笑，举袂则乱云出峡，挥扇则星流月映，闻歌则雷辊涛趋。苏人游冶之盛，至是日极矣。
>
> ——［明］袁宏道《荷花荡》

古时，观莲还是男女青年可以外出约玩的好机会，而荷花本身在传统社会中还具有两人情感交好的意思，比如人们常说的"并蒂莲"：

> 碧甃清漪方镜小。绮疏净、半尘不到。古鼎香深，宫壶花换，留取四时春好。楼上眉山云窈窕。香衾梦、镇疏清晓。并蒂莲开，合欢屏暖，玉漏又催朝早。
>
> ——［宋］吴文英《夜行船·赠赵梅壑》

如今，很多地方都在夏季荷花盛开的时候举办"荷花节"，吸引着人们前去游览。爱享舌尖美味的人们也可以借此机会品尝与荷有关的美食，诸如荷花酥、荷叶粥等。偶然看到过一道用荷花做成的菜，名字已经不记得了，只记得大约是用荷花瓣裹上蛋液炸成金黄色食用。这道美食至今都让我非常向往，还未有幸一品。

大暑节前后，浙江台州椒江区葭沚一带有独特的送"大暑船"习俗。据说清同治年间，葭沚一带疫病流行，大暑节前后尤为严重，当地人认为是五瘟使者所致。

五瘟使者又称瘟神，是中国民间信奉的司瘟疫之神。据《三教源流搜神大全》载，隋文帝时有五位力士现于空中，身披五色袍，一人手执勺子和罐子，一人手执皮袋和剑，一人手执扇子，一人手执锤子，一人手执火壶。此为五方力士，在天为五鬼，在地为五瘟，春瘟张元伯，夏瘟刘元达，秋瘟赵公明，冬瘟钟仁贵，总管中瘟史文业。如果五瘟现身，天将降灾疾，世人无法逃避。是岁果有瘟疫，国人病死者甚众。隋文帝遂立祠祀之。

人们在葭沚江边建造五圣庙，祈求五位瘟神不降瘟疫，保佑人们幸福安康。葭沚地处椒江口附近，沿江渔民居多，他们商定在大暑节集体供奉五圣，用特制的木船将供品送至椒江口外，以送走瘟疫，保佑人们身体健康。

大暑前数日，葭沚江边的五圣庙会建道场，各个许愿或是还愿者纷纷将礼品送到庙内，以备大暑节装船。"大暑船"专为大暑节赶造而成，与普通的捕捞船差不多大小，船内设有神龛、香案以备供奉五圣。送大暑船时，先要举行迎圣会。迎圣会分大迎、小迎。大年为大迎，小年为小迎，三年一大迎。送"大暑船"当天早上七点，迎圣会队伍从五圣庙出发，沿着规划好的路线行走一圈后再返回。迎圣会后便是送"大暑船"，此时迎圣会队伍散开，一字排于江堤。时辰一到，鞭炮齐鸣，江堤上众人磕头遥拜并目送大暑船起航，顺江直下海门关口，当"大暑船"漂得无影无踪时才算真正被五圣接受，寓意大吉大利。送走"大暑船"后，五圣庙戏台即开始演戏。

如今，每年农历大暑期间，浙江台州葭沚一带的群众还是会送"大暑船"，但是已经跟原来不太一样。人们会把一艘制作精美的纸质"大暑船"（约渔船三分之一大小）送往江边，再由渔轮一路护送至椒江出海口，在那里把"大暑船"烧掉，意思是"送暑、保平安"。究其原因，还是人们恐惧夏日因炎热滋生的病患，期望这些行为可以为自己、家人和朋友带来康健。

香莲碧水动风凉，水动风凉夏日长。

长日夏，碧莲香，有那莺莺小姐她唤红娘。

说："红娘呀，闷坐兰房总嫌寂寞，何不消愁解闷进园坊？"

见那九曲桥梁红栏曲，在那湖心亭旁侧绿纱窗。

那小姐是，她身靠栏杆观水面，见那池中戏水有两鸳鸯。

红娘是，推动绿纱窗，香几摆中央，炉内焚了香，瑶琴脱了囊；莺莺坐下按宫商。

她先抚一支《湘妃怨》，后弹一曲《凤求凰》，《思归引》弹出倍凄凉。

数支琴曲方已毕，见红日渐渐下山岗。

小红娘她历乱忙：瑶琴上了囊，炉内熄了香，香几摆侧旁，闭上绿纱窗；跟随小姐要转闺房。

这叫长日夏凉风动水，凉风动水碧莲香：果然夏景不寻常。

——苏州评弹《莺莺操琴》

评弹，起源于山明水秀的江南水乡——苏州，又称苏州评弹、说书或南词，是苏州评话和

弹词的总称：评话通常一人登台开讲，内容多为金戈铁马的历史演义和叱咤风云的侠义豪杰；弹词一般两人说唱，上手持三弦，下手抱琵琶，自弹自唱，内容多为儿女情长的传奇小说和民间故事。评话和弹词均以细腻见长，吴侬软语娓娓动听，虽然我并不能听得太懂，需要借助些类似于字幕的工具，但实在是柔美，跟北方的戏曲艺术大不一样。

大暑初五日，初候腐草为萤。季夏之月，萤火虫卵化而出，这时大暑节气便到了。

大暑又五日，二候土润溽暑。溽暑，即暑湿之气。盛夏之际，天气闷热，土地潮湿。

大暑后五日，三候大雨时行。大暑之际，常有大的雷雨出现，可以使土壤肥沃。

大暑时节的到来，意味着最炎热的时间来了。炎热的日子里，如果实在没有胃口吃饭，水果则是必需品，比如这个时节的荔枝，不吃些虽算不得什么大事儿，可也会像少了什么一样。当然，如果愿意在烈日里前往荷塘，那么看到的景色绝对不会辜负你这番热情。"荷月"自当赏荷，无论是江南秀气的池塘荷景，还是北方偌大的湖泊荷景，都各有各的韵味。

其实，当明白了四季分明之于世界的意义之后，我也就没有那么厌恶暑气了。该冷的时候就冷，该热的时候就热，只有这样，人们的体验才能更丰富。夏天再热，也过去了。

香莲碧水动风凉，水动风凉夏日长。
长日夏凉风动水，凉风动水碧莲香。
　　　　——［清］吴绛雪《四季回文诗·夏》

文字不寻常，铺排文字的人更不寻常。我们走进了夏天，我们走过了夏天，这段夏景也不寻常。